光尘
LUXOPUS

重塑世界的可再生能源

10 Short Lessons in Renewable Energy

[英]斯蒂芬·皮克 — 著

杨书航 夏之婷 张 柳 蔡慧冰 — 译

北京联合出版公司
Beijing United Publishing Co.,Ltd.

目录

前言

可再生能源的发展是显而易见的。自从在学校爱上了物理学，我就一直被一个百分之百由可再生能源驱动的世界的想法所吸引，那将是一个安静、安全、清洁、和平、公正的世界。对于越来越多的公司、城市和国家来说，使用可再生能源已经成为现实。如今，可再生电力比化石电力便宜，而且气候变化正在使可再生电力成为整个地球的未来必需品。

早在化石燃料出现之前，可再生能源就为我们的生活提供了动力，以后也将如此。在生物质能、水能、风能和太阳能这些现代可再生能源形式方面，许多支撑其发展的科学和技术突破都有100多年的历史。但在20世纪，我们忽略了真正有价值的可再生能源，而主要在化石能源上投资：如20世纪初的石油，20世纪50年代用来取代部分煤炭的核电，以及20世纪60年代的天然气。然而在1973~1974年石油危机之后的十年里，随着油价一夜之间翻了两番，人们产生了对可再生能源系统的重新构想。由此，一根长而缓的技术导火索悄悄点燃了。

我在十几岁的时候，并不知道老一辈人已经为我们正在经历的 21 世纪的可再生能源大爆发解释其物理原因并为其理论打下根基。在我于英格兰东南部的苏塞克斯大学读物理学位的第一年，乌克兰切尔诺贝利核电站的 4 号反应堆发生熔毁，放射性物质进入大气层。一周后，受助于极度潮湿的天气，一股偏东的气流在英格兰北部的大部分地区沉积了一层放射性物质铯 –137、碘 –131 和锶 –90，我的家乡博尔顿和我心爱的湖区也包括在内。它把一些严重的问题抛到了人们面前。

我们真的需要核能吗？难道没有更好、更安全的方式来推动经济发展吗？多亏了像戈弗雷·博伊尔（Godfrey Boyle）、戴夫·艾略特（Dave Elliott）、鲍勃·埃弗雷特（Bob Everett）、迈克尔·格鲁布（Michael Grubb）、彼得·哈珀（Peter Harper）、埃默里·洛文斯（Amory Lovins）、凯瑟琳·米切尔（Catherine Mitchell）、沃尔特·帕特森（Walt Patterson）、李·席佩尔（Lee Schipper）、布伦达·瓦尔（Brenda Vale）和罗伯特·瓦尔（Robert Vale）这样的先行者的远见卓识，当下，现代可再生能源对我们能源的未来而言，是一种可行且令人信服的选择。

联合国政府间气候变化专门委员会（IPCC）成立于 1988 年，当时我正开始攻读有关这方面的博士学位，这个专业在那个时候相当小众。30 年后，气候变化和可再生能源成为世界主流文化的中心舞台。根据联合国政府间气候变化专门委员会制定的方案，到 2050 年，我们需要达到零碳排放的目标。这就意味着现在，当我们把物理和能源政策引进到气候变化这一大问题中时，我们必须比以往任何时候都要坦诚且智慧。我们迫切需要停止浪费能源，而且如果要达到这一重要目标，我们需要把如今对可再生能源的投资提升 10~20 倍。

从根本上说，可再生能源是指人类在地球范围内可以利用的少量能源，如太阳能、地热能和重力能。这本书以展望自然世界和人类世界中能量流动的规模为起点，通过这些简短的章节，我们将发现可再生能源的巨大潜力，并思考为什么它是限制全球变暖危机的核心。在我们对六大可再生能源——太阳能、风能、生物质能、水能、地热能和海洋能——的短暂浏览中，我们将考察推动这些能源发展的新旧关键技术，以及电力在我们能源的未来中发挥的关键作用。

一个令人兴奋的、可再生的、电力的、和平的、繁荣的、更安全的未来就在前方。我们只需要多一点想象力以到达那里。值得庆幸的是，想象力也是可再生的。

斯蒂芬·皮克

第1章

不存在所谓的能量

在现今的物理学中，我们对"能量是什么"一无所知。认识到这一点很重要。我们不知道能量到底是不是以一定数量的团状形式出现的。

——理查德·费曼
（Richard Feynman）

不存在所谓的能量，这个说法可能有点儿令人震惊。爱因斯坦的著名方程式 $E=mc^2$（质能方程）告诉我们，能量等于质量乘以光速的平方，所以肯定有能量这一回事。现在看来，能量比我们日常所了解的更难以捉摸。我们可能会想起支付的能源账单、投资的新能源技术，以及为夺取蕴藏石油和天然气资源的地区而进行的战争。但是理性地讲，能量的科学概念还是抽象得令人费解。

如果你问物理学家"什么是能量"，他们可能会解释为：能量是一种以多种形式存在，并能从一种形式转换到另一种形式的东西。他们会讨论这些能量转换的例子，继而提到一个非常重要的物理定律：能量守恒定律，即在一个确定的界限内（或物理学家所说的"封闭系统"内）的总能量保持不变。换句话说，能量既不会凭空产生，也不会凭空消失。

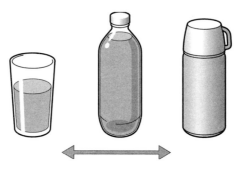

图 1-1　开放系统与封闭系统

　　能量具有一种神秘的特性，几千年来一直吸引着哲学家、数学家和科学家们，也使他们感到困惑。Energy 一词是由希腊语 enérgeia 演变而来，以 en 表示"进入"，ergon 表示"工作"。然而，这两种含义都没有用于我们的现代科学对于"能量是做功的能力和潜力"的理解上。在探索能量物理学的历史中，对能量从一种形式转化为另一种形式的观察十分丰富。

　　事实上，只有通过揭示系统中每种能量形式背后的数学理论，才能理解什么是守恒[1]。今天，我们在最基本的数学层面上理解能量，但是在我们发现物理定律及其与不同形式的能量有关的各种数学表达式之前，我们就已经对守恒的东西有了一些十分有趣、偶尔又很奇怪的概念。

死力与活力

能量守恒定律在今天之所以受到重视，是因为它来之不易。我们在能量概念的现代化理解之旅中经历了许多有趣的周折。这是一个长达 200 年的探究故事，向我们讲述了在系统中究竟什么是始终守恒的。

从古以来，我们就一直对"热"这个概念充满好奇。早在 16 世纪，英国哲学家弗兰西斯·培根（Francis Bacon）就论述过这样一个观点：物体含有"热"，而且"热"与物体中那些小到肉眼看不见的组成部分的运动有关。培根是最早认识到"热"与小分子运动有关的人之一，尽管他对"胡椒、芥末和葡萄酒是热

---

1. 德国数学家艾米·诺特提出守恒定律与连续对称之间的数学关系。

的"的观察可能表明他还没有发现一个重要的物理定律。弗兰西斯·培根被称为实验哲学之父，据说他的唯一一次科学实验是把雪填进一只鸡的肚子里，不久后，他就因感冒去世了。

火成就了人类，化石燃料促使我们变得现代化，然而我们现在需要一种安全、有保障、可持续发展的新能源。

——埃默里·洛文斯

紧随其后的法国哲学家勒内·笛卡儿（René Descartes）将世界理解为由三种不同黏度（液体浓度）的物质组成：火、气和土。荷兰哲学家克里斯蒂安·惠更斯（Christiaan Huygens）观察到，当物体碰撞时，他称之为 calculatrix 的东西是守恒的。calculatrix 可不是来自《阿斯泰利克斯历险记》（*Asterix*）的人物，它实际上是一个与我们现代动能概念有关的物理量。

当守恒的概念与力的概念联系起来时，我们向前迈出了一大步。德国数学家戈特弗里德·莱布尼茨（Gottfried Leibniz）通过他的活力（*vis viva*）和死力（*vis mortua*）理论探索了一个动力的世界，以及动能和势能之间的区别。艾萨克·牛顿通过他著名的运动定律给了我们现代力学的概念，尽管这还不是一个完善的"能量观"。两个早期的德国炼金术士约翰·贝歇尔（Johann Beche，可能是第一个构想隐形斗篷的人）和他的同事格奥尔格·施塔尔（Georg Stahl），认为物体含有一种叫作燃素（phlogiston，来自希腊语 *phlog* 或 *phlox*，意为"火焰"）的可燃物质[2]。被称为临床医学教学创始人的荷兰医生赫尔曼·布尔哈夫（Herman Boerhave）后来重拾物体含有火微粒的想法，并认为热是与电、磁和弹性并称的四种不可见流体之一。瑞士数学家和物理学家丹尼尔·伯努利（Daniel Bernoulli）是数学史上伟大的伯努利家族的成员，其著名的方程式与飞机机翼的物理学相关。后来，他进一步思考，把我们从物质与系统中含有神秘的死力与活力的世界观，转变为首个真正以能量为基础的世界观。他的工作进一步巩固了动能、势能和总机械能的概念。

物质具有与热、力或功相关的特性的概念是同时发展的。在 19 世纪，索尔福德的酿酒师之子詹姆斯·普雷斯科特·焦耳（James Prescott Joule）是首批精准计算热功之间的当量关系的人

----

2. 法国化学家拉瓦锡的著名实验发现了氧气并否定了燃素说。

之一。在伟大的蒸汽时代，用更少的热做更多的功，给工业革命提供动力，既关乎资本主义与经济，同样也关乎人们对自然的哲学洞见。

要产生使1磅水(约0.45千克)升高1华氏度(约0.56摄氏度)的热量，需要耗用772磅（约350千克）重物下降1英尺（约0.3米）的机械功。

——詹姆斯·普雷斯科特·焦耳

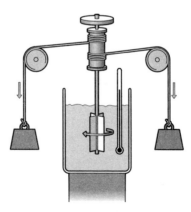

图1-2 热功当量实验

在曼彻斯特附近的布鲁克兰公墓中，詹姆斯·普雷斯科特·焦耳的墓碑顶部骄傲地刻着数字 772.55。他在 1878 年著名的热功当量的测量中——这是同类实验中最精确的测量——发现把 772磅重的物体水平升高 1 英尺所做的功可以在海平面把 1 磅水的温度从 60°F 提高到 61°F（约 15.5°C~16.1°C）。用于测量的桨叶轮实验用具看起来就像是一台早期的木制冰激凌制造机。桨叶轮实验早期的著名成果由英国皇家学会于 1850 年发表，实验结果推翻了"热效应是由一种称为热量的流体的作用引起"的传统科学观点，并确立了能量守恒定律的普遍性，即热力学第一定律。

能量形式

　　热力学第一定律又称能量守恒定律。它的表述为：在任何封闭的系统中，无论发生什么，能量既不会凭空产生，也不会凭空消失。换句话说，就是能量守恒。这是一个特别重要和有用的定律，特别是在追踪能量通过各种复杂的物理或化学过程从一种形式转换到另一种形式的情况下。不管是什么过程，我们总是可以拿出计算器追踪能量，并在某处、以某种形式找到与开始时同等的能量。

笛卡儿与"能量"的追踪

今天，能量的概念对物理学家和哲学家来说仍然是难以捉摸的。虽然对于何时、何地或谁发现了能量本身并无一致意见，但我们可以从哲学家勒内·笛卡儿的成就开始。我们大多数人可能都熟悉他对精神世界理论的热情，他以"我思故我在"而闻名于世，但他对物质世界理论的兴趣可能不太为人所知。笛卡儿是新的自然界"机械论哲学"的主要倡导者。这种哲学认为重力、磁性、颜色和气味与事物的内在运动和碰撞有关——由于对上帝及其创造天地万物的坚定信仰，这个理论当时并不被广泛接受。这位年轻的哲学家在11月的一个寒冷的夜晚下了决心，要把自己的一生投入到寻找一个完整的知识体系中去。他把自己锁在一个有新型石造暖炉的房间里潜心研究——而不像传言中所说的睡在砖炉里。

能量转换的过程绝不是直观的，特别是从人类对我们周围世界中发生的一系列动态相互作用的观察角度来看，在那里能量似乎最终会悄无声息地消失殆尽（我们将很快谈到这一点），但这确实有助于解释为什么热力学第一定律是在第二定律之后才被发现的，它却仍然是第一定律。

颇为怀念的 17 世纪自然哲学精神仍然延续在现代普遍认同的"能量存在于不同形式"的观点中。各级教育和世界各地的现代课程都在追踪和收集不同形式的能量，正如早期的化学家和物理学家试图弄清物质内在的奇怪又神秘的特性——calculatrix、燃素等。

"能量"并不是简单地等着被发现，不像古生物学家发现的第一条鱼龙，或者勘探者偶然发现的光之山钻石。

——詹妮弗·库珀史密斯（Jennifer Coopersmith）

有趣的是，我们的现代能量理论继续将世界分为两种基本形式：动能和势能。17 世纪的戈特弗里德·莱布尼茨和其他早期物理学家对生力和死力的洞见，在今天仍然具有惊人的先见之明。

物体由于运动而具有的能量就是动能，物体由于位置或位形而具有的能量就是势能。现实世界的系统总是这两者的混合体。但出于说明的目的，我们会选择具体的例子来阐释能量不同的形式。我们大多数人在学校都会学到，储存能量的总是势能，比如水库里的水，但也不完全正确。海浪的动能也是一种巨大的（暂时的）储存能量。

动能的类型包括：大型物体（风、水和潮汐涡轮机、飞机、火车和汽车）的机械能；火和流体中微观粒子的热能（分子和原子的振动）；电路中电能（电子）的流动；声音在空气中的流动；从 500 纳米左右的短波（如可见光，大约是你的指甲在 8 分钟内以 1 纳米 / 秒的速度增长的长度）到长波（如 1000 米无线电波波长）的电磁辐射能量。

势能的类型包括水在水力系统中的重力势能；电池中的电势能；电动机中的磁性势能；食物中的化学能；弹簧中的弹性能；铀中的核能（原则上，任何质量通过爱因斯坦的质能等价理论都可以转化为能量，详见第 2 章）。

因为我们使用的煤是祖先的 110 倍，所以相信我们无论在智力上、道德上还是精神上都比祖先好 110 倍。

——阿道司·赫胥黎（Aldous Huxley）

与可再生能源技术有关的主要能量转换包括：太阳能（辐射能转化为电能）、风能（机械能转化为电能）、水能（机械能转化为电能）、生物质锅炉（化学能转化为热能）、潮汐拦河坝（重力势能转化为机械能，再转化为电能）、波浪能（机械能转化为电能）和地热能（热能转化为电能）。

测量能量和功的标准科学单位是焦耳，以纪念詹姆斯·焦耳。对于人类来说，这是一个相对微小的能量。例如，我们每天的食物能量需求约为 800 万焦耳。1 焦耳大约等同于把一个 100 克的苹果举到 1 米高所需的能量。吃一个苹果，你将摄入 20 万焦耳。功率是能量流动或做功的速率，1 焦耳 / 秒为 1 瓦特，功率单位以发明蒸汽机的工程师詹姆斯·瓦特的名字命名。人类消耗能量的功率大约是 100 焦耳 / 秒，或 100 瓦特。

当我们考虑到全球经济的状况以及从化石燃料向大规模可再生能源系统过渡时，计量能量的数值是相对较大的。正如我们将在第 2 章中看到的，太阳几乎是我们所有可再生能源的来源，并设定了计量的范围。不同类型可再生能源的典型能量和功率计量涉及数千（10^3，即 kilo）、数百万（10^6，即 mega）、数十亿（10^9，即 giga）、数万亿（10^{12}, 即 tera）、数千万亿（10^{15}, 即

peta）和百亿亿（10^{18}，即 exa）焦耳（计量能源储存时）和瓦特（计量能量流动时）。我们习惯了用 kilo 表示"千"的概念，如千克。mega 一词通常用来表示"百万"（如 megabucks 意为一大笔钱），但 giga、tera、peta 和 exa 的科学记数法并不直观。要正确记住数量级的顺序（mega–giga–tera–peta–exa），记住"Millions of Green Turbines Power Electrons（百万台绿色涡轮机驱动电子）"这个口诀可能会有帮助。

熵与㶲

热力学第一定律简洁明了，但并不总是那么有用。它并没有告诉我们物理和化学反应过程中的能量随着时间的推移在系统中发生了什么变化。第二定律比第一定律要复杂得多，也更不容易掌握，但它告诉我们，在现实世界的每一次能量转换中，都有一些物理量被消耗了。但被消耗物量是什么，又是如何测量出来的？它当然不是能量，因为第一定律说能量是守恒的。

热力学第二定律指出，能量转换的过程不是随机的，而是有一个最大化熵的趋势。熵是对系统无序性的度量。一个高度有序的系统（桌子上按字母顺序排列的书）比一个无序的系统（桌上的书杂乱无序地摆放）的熵要低。

图 1-3 有序系统与无序系统

当相互接触的物体或系统之间存在温度差时，它们总会达到热平衡，最终稳定在相同的温度上。例如，饮料中的冰会融化，冰块变热，饮料变凉，直到两者之间达到热平衡。热力学第二定律告诉我们，热量是从温度高的地方向温度低的地方传递，而不是相反。例如，信风和洋流是通过空气和水的流动，把聚集在赤道附近的太阳热能向两极传递。

不是只有热系统才会消除差异。总的来说，世界在不可阻挡的力量的驱动下滑向同质性（homogeneity）。当任由自然自行发展时，自然就会滑向无序，世界上到处都有体现这种整体趋势的例子。在缺乏有目的的生命形式（植物、动物、人）的情况下，系统倾向于滑向统一的混乱。如图书馆、摩天大楼和城市等高度工程化、制造化和有序化的系统不是偶然发生的——此时系统的熵值较低，只有你放手不管的时候，系统的熵才会开始增长。花园也是一个很好的例子：放任不管，花园就会变得杂乱无章。一桶油含有丰富的长链碳氢化合物混合物，其中含有潜在的化学能，可以被分选并转化用于产生能量或塑料等各种化学品。炼油厂、运输油轮、汽车发动机和排气系统排出的热量更为高熵且无用。

熵这个概念的另一面是"炌"。在现实世界的能量转化过程中，熵增加，炌减少。炌是可用于做有用功的能量。这是一个需要理解的概念。1千兆焦耳的能量相当于278千瓦时的电量（平均每个英国家庭三周的用电量）或36千克的煤炭产生的能量，或我们将一个24吨的小型花园游泳池里水的温度提高10°C时需要的额外储能。它们都相当于1千兆焦耳的能量，但并不是所有的能量都可以用来做有用功。

除了死亡、税收和热力学第二定律，生活中没有什么是确定的。这三个过程都是把某些量从有用且可得的形式——如能量或金钱——转化为等量的无用且不可得的形式。

——赛思·劳埃德（Seth Lloyd）

麻省理工学院机械工程与物理学教授

我们不可能从煤中或者游泳池的储能中获取 100% 的能量去做有用功。有时我们将能量的质量分为"高品质能量"或"低品质能量"。例如，热是粒子的微观随机运动，而功是粒子更宏观的有序运动。

因此，热能不那么有序，能量品质也较低。功比较有序，能量品质也更高。电能（储存功的一种形式）是一种能量品质更高的能量形式——它具有做各种功的潜力，可以完全转化为热能。因此，我们可以用电加热游泳池。热能的能量品质较低，不能 100% 地转化为电能（或任何其他形式）。即使是最好的现代联合循环气化涡轮发电站，我们也需要用大约能产生 2 千兆焦耳能量的天然气发能产生 1 千兆焦耳能量的电。

热力学第二定律告诉我们，我们不能无限地把能量从一种形式转换成另一种形式，再转换回来，而过程中又不损失什么能量。这就是为什么尽管发明家们做出了许多勇敢而富有想象的努力，但永动机这种不需要外界输入能量就能无限运转的假想仍有待证明。

在能量转换的过程中，有不同的方式表达能量品质的变化。每一次能量转换都有：

· 熵增：有序性 / 异质性 / 复杂性减小，无序性 / 同质性 / 同一性增大。

· 㶲减：系统中的有用性减小 / 能量品质下降。

为了产生能量，我们必须使世界重新排序。或者换一种说法，当世界自己重新排序时，能量就产生了。重新排序可以发生在原子核和原子水平（核裂变 / 为太阳产生能量的核聚变），或在分子水平（物理摩擦和化学反应，如复杂的碳氢化合物与氧气结合产生能量、水和二氧化碳），或者在宏观水平（通过固体、液体和气体的压力、体积或温度变化为发动机提供动力）。

我们对能量的理解来自一些非常有想象力的宇宙起源假想，虽然我们已经解决了大量的数学问题，但事实是，能量不是一个简单的"东西"。然而，它是我们世界未来的一个关键部分。迅速增长的人口虽然正试图摆脱三个世纪以来对化石燃料的依赖，但仍然渴望能源（特别是电能），关于什么是能源、为什么能源如此重要以及我们应该如何管理能源，也仍然存在一些相当奇怪的经济、技术和社会观念。

第 2 章

没有什么是真正可再生的

太阳向地球表面提供的能量是人类所需能量总量的 5000 倍。

——马丁·里斯（Martin Rees）

没有任何证据表明宇宙大爆炸之前存在可再生的能量。嗯，可能是这样的。在 138 亿年前宇宙处于高温高密度的初期，能量是从何而来呢？简而言之，我们并不知道答案。它是突然冒出来的吗？还是它已经以某种方式存在了？当我们继续推测能量是如何在最大的宇宙尺度上影响宇宙时，有许多物理理论仍有待探索。

宇宙大爆炸也许与暗能量有关。我们只是在最近才从宇宙膨胀的物理学中计算出它有多少。宇宙大约 68% 是暗能量，27% 是暗物质，剩下的 5% 包括地球、行星、太阳和其他恒星之类的东西以及你读的这本书所用的材料，我们都称之为普通物质。

起初，宇宙被创造出来。这让许多人非常生气，人们普遍认为这是糟糕的一步。

——道格拉斯·亚当斯（Douglas Adams）
《宇宙尽头的餐馆》（*Restaurant at the End of the Universe*）

宇宙在大爆炸后急速膨胀是一个从低熵到高熵的过程。换言之，大爆炸是热力学"时间之箭"发挥作用的终极例子。

科学家们认为，早期宇宙的热度是均匀分布的——处于一种低熵状态——从这里开始逐渐膨胀和冷却。大多数人认为宇宙还剩下几十亿年寿命。关于宇宙如何终结有以下几种理论。首先是热寂说（the Heat Death theory），即宇宙一直继续膨胀，最终达到了热平衡状态，并在此过程中宇宙的熵达到最大值（低烱），从而宇宙终结。其次是宇宙大收缩论（the Big Crunch theory），即宇宙将停止膨胀并坍缩成一个黑洞。还有一种永恒暴胀理论（the theory of Eternal Inflation），该理论认为我们的宇宙是多元宇宙中的一部分，距离时间停止还有大约 50 亿年。

但是，在这一切可能发生之前，我们自己的太阳系和这个美丽地球上所有生命的未来都将与一颗特别的恒星——我们亲爱的太阳——的命运紧密相连。

太阳系中心的恒星

太阳辐射驱动着地球绝大部分的能量转换，最重要的是它对光合作用至为关键，而光合作用是地球上生命的基础。太阳是一个主要由氢和氦组成、比我们的地球直径大 100 多倍的巨大球状等离子体，就像一个巨大的热核发电厂。太阳每秒钟通过将大约 6 亿吨的氢核聚变为 5.96 亿吨的氦，把大约 400 万吨的物质转化为能量。这些能量以电磁波的形式向四周放射。

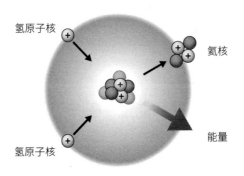

氢原子核

氦核

氢原子核

能量

图 2-1　氢核聚变

作为一颗相对不起眼的黄矮星，太阳热核生命的主要阶段才刚刚过半，仍不断地将氢转化为氦。就像电池一样，太阳的寿命是有限的，最终会耗尽能量。现在太阳的亮度比 46 亿年前刚形成时亮 40%，而它最终的亮度将比现在还要亮 1000 倍。太阳在膨胀成一颗红巨星时会吞噬地球，并坍缩成一颗白矮星，最后变成一颗寒冷黑暗的恒星"残骸"，我们称之为黑矮星。

好消息是，在未来 10 亿年左右的时间里，在太阳的亮度变得令人不舒服之前，它将继续推动和支持地球上各种形式的生命和我们智人的雄心壮志，并满足我们设想的几乎所有能源需求。嗯，至少在理论上是这样的。随着我们将来从化石燃料转向可再生能源，这些能源需求将越来越多地直接由太阳来满足。人们通过一些数学和物理学方法进行更深入的观察，很快就能发现巨大的太阳能存量与流量就储存在陆地、海洋、冰层和生物圈中。让我们戴上烔值测算镜看看吧。

地球大气系统的能量平衡

我们生活在一个充满能量的世界。我们不需要太多的物理知识就能认识到能量在自然界中流动的规模。我们日常天气系统和区域气候差异，都是太阳热能从温暖的赤道向寒冷的极地大规模再分配现象的一部分。信风、海流和喷射气流也是地球在遵循热力学第二定律时寻求热平衡所产生的现象。

　　在过去的约 50 年里,我们已经认识到地球是一个不同子系统相互作用的复杂系统。我们所称的地球系统科学就是关于五个"圈"之间能量和物质交换的理论:大气圈(地球表面上薄薄的一层气体)、生物圈(所有的生物)、水圈(淡水和咸水)、冰冻圈(冰和冰川)和岩石圈(岩石、火山)。由于大气圈的作用,地球能够保持一个相对舒适的全球平均地表温度,大约为 15℃。如果没有大气圈,地表温度将下降 33℃,为 −18℃。

图 2-2　地球系统

　　地球是一个开放的能量系统:它接收来自太阳的能量,并将大致等量的能量反射回太空。太阳电磁能通量从太阳向四周辐射。作为一个距离太阳较远且相对较小的天体，地球接收到的能量仅相当于太阳总辐射能量的极小部分——事实上，太阳释放的能量大约是地球吸收的能量的 22 亿倍。

我们都是采摘阳光的星尘。

——卡尔·萨根（Carl Sagan）

太阳能量每秒辐射到地球的平均功率是 1.74×10^{17} 瓦，或者是 174 帕瓦。通过大气层顶部的太阳辐射能量平均约为 1370 瓦 / 平方米（由于地球位于公转轨道的位置不同而增加或减少 3.5%）。虽然这个数字随时间稍有变化，但我们称它为太阳常数。地球的表面积是太阳"看到"的圆盘（即地球面向太阳的半球）面积的 4 倍。将总流量除以 4，我们就得到了通过大气层顶部的太阳辐射的平均功率密度（单位面积功率），约为 342 瓦 / 平方米。如果地球没有将这么多的能量反射回太空，随着时间的推移，地球会升温或降温。事实上，由于燃烧化石燃料、滥伐森林和农耕而导致的温室气体浓度上升，已经使地球进入了全球变暖的阶段，我们将在第 3 章讲到这一点。

世界瓦

2019 年，我们的全球经济以 19 万亿焦耳 / 秒的速度消耗着所有形式的一次能源[1]。为了更易于将自然界中可再生能源的流量与当前全球一次能源消耗速度进行比较，我们可以简化这些有时令人困惑的能量单位。我们可以将世界消耗所有形式的一次能源的速度称为 1 世界瓦（worldwatt）。我们在接下来的章节中深入了解地球系统及其可再生能源的流量时，这个能量单位是一个非常方便的衡量标准。从太阳那里接收到的 87 帕瓦的辐射能量（简便计算为 170 瓦 / 平方米乘以地球表面积）大约是 4500 世界瓦。太阳辐射能量的可用性比我们以浪费化石燃料驱动的全球能源经济要大上数千倍。换句话说，在不到 2 小时（115 分钟）的时间里，太阳辐射的能量相当于全球经济 1 年消耗的一次能源的总量。

---

1. 从自然界取得，未经任何人为改变或转换，可以直接使用的能源。
   如原煤、原油、天然气、太阳能、水能、风能、地热能、生物质能、
   潮汐能、核燃料等。

电磁能量的传递是按波长的长短（从短波的伽马射线到长波的无线电波）来分布的。其中大约9%的能量来自紫外线，39%来自可见光谱，剩下的52%来自红外线。来自太阳的能量包含相对较多的短波辐射能量，而地球反射回来的能量包含相对较长的长波（红外）辐射。

大约30%的太阳辐射立即被云层与地球表面反射回太空（这就是为什么地球在外太空看起来那么的秀丽），另有20%的太阳辐射在大气层中反射，产生的温室效应使我们的地球比月球更温暖。当剩下的太阳辐射穿过稀薄的大气层时，太阳辐射能量全球一年的平均功率密度为170瓦/平方米（大约是大气层顶端的平均功率的一半）。太阳每年向地球表面传递的能量总计为87帕瓦。在太阳光直射的晴天，（接近赤道的）海平面上的太阳辐射瞬间会达到1000瓦/平方米。陆地、海洋、山脉和云层的相互作用可以使到达地表的太阳辐射量产生巨大的变化。

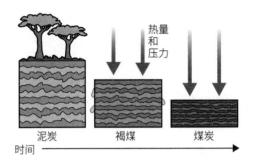

图 2-3　煤炭的形成

古老的阳光化石

为工业革命提供动力的煤炭形成于大约 3 亿年前的一个被称为石炭纪的地质时期。石油和天然气沉积在侏罗纪晚期和白垩纪时期（约 2 亿到 6500 万年前）的沼泽中。在地球气候史上相对凉爽和潮湿的时期，树木和海洋生物将大气中大量的碳封存到陆地和海洋中，形成了我们今天使用的石油、天然气和煤炭储备。化石燃料是由植物和海洋动物形成并由地质储存起来的碳，它们是"古老的阳光"。

虽然容易开采的煤炭、石油和天然气几乎都被开采了，但仍有大量的化石燃料储存在地下。最乐观的猜测是，到目前为止，我们大约已经消耗了化石燃料总量的10%。对剩余的化石燃料能源储量的粗略估计是200泽塔焦耳（1泽塔焦耳是10^{21}焦耳）。从太阳能的角度来看，所有储存在地球上的化石能量大约相当于26天内到达地球表面的太阳辐射总量。

地球的地轴倾斜、季节变化、云层、海洋和大陆都影响着到达地球表面的太阳辐射量。多云天气会使每年平均到达地面的太阳辐射量产生较大的局部差异：一个经典例证是云层笼罩的瓦胡岛（150瓦/平方米）和珍珠港（250瓦/平方米）之间平均太阳辐射量的差异，两者仅相隔15千米。

除了一小部分地球内部热能和重力势能，到达地球的太阳辐射是地球生命活动中大多数物理和化学反应过程的核心驱动能量。我们依赖太阳生活。在现代社会之前，我们的祖先还过着100%依赖可再生能源的生活方式。这种生活方式基于太阳的能量，以植物为食，借用动物的力量以及少量的水能和风能。相比之下，当今复杂的高能量社会依赖大量化石燃料的物质流，而其中很大一部分被我们浪费了。就地球整体能量平衡而言，除了直射太阳通量（direct solar flux），重力势能、地球潜热和自身释放的热核能量的贡献都较小。

理论上，我们可以获取各种大量的可再生能源，但实际上，当我们考虑到获取这些能量流的经济成本以及出于其他目的（如种植粮食）而竞争土地的使用权时，可获取的可再生能源的数量就会少得多。我们还需要警惕从纯物理学的角度测量自然界中能量的存量和流量。能量的确无处不在，我们可以计算出分子中的能量、大积雨云中的能量、火山爆发中的能量、海洋中的能量甚至是地球自转的动能，但获取这些能量再加以利用则是另一回事。

可再生能源的潜力

实际上，我们只能获取自然界中发现的不同可再生能源流量的一小部分。对这部分的技术、经济和政治方面的可行性评估是复杂的，也有着较高的不确定性。联合国政府间气候变化专门委员会于2011年发表的《可再生能源与减缓气候变化特别报告》

对学术和技术研究进行了审查，并作出了一些粗略估计，其结果令人吃惊。我们对文献中的数字进行保守的中值估计，可以看到全球不同可再生能源的技术潜力合计为 46 世界瓦。在未来，人类完全从可再生能源中获取 1 世界瓦的能量有着明确而合理的前景。为了避免危险的气候变化，这个前景应该实现得越快越好。

下面的表格按照从大到小的顺序列出了各种可再生能源的潜在估值（以世界瓦为单位）。2018 年，我们使用了 0.13 世界瓦的可再生能源。

技术上可获取的全球可再生能源 （以世界瓦为单位）

	最小估计值	最大估计值	中位估计值
太阳	2.6	83.2	42.9
地热	0.2	2.4	1.3
风	0.1	1.0	0.6
生物质	0.1	0.8	0.5
海洋	0.0	0.6	0.3
水	0.1	0.1	0.1
合计	3.1	88.1	45.7

- 太阳能

以任何标准衡量，可供人类利用的全球太阳能资源都能达到巨大的 43 世界瓦，这是我们当前（以及未来）能源需求的许多倍。一个国家越靠近赤道，其太阳能潜力就越大。太阳能技术主要有四种类型：（1）太阳热能利用；（2）太阳能光伏发电；（3）聚光太阳能发电；（4）太阳能燃油利用。我们会在这四类相互竞争的技术中，做出高效、经济地利用土地（或海洋）来获取太阳能的选择。

- 地热能

地球的热通量（heat flux）大约是 40 太瓦（2 世界瓦），其中大约一半（或大约略多于 1 世界瓦）在技术上是可以利用的。塑造地球的大部分能量（但不是全部）来自太阳，一小部分来自地球本身这个巨大的热电池。地球储存的热能相当于我们目前全球每年所消耗能量的 1000 亿倍。自地球形成以来，地核一直在缓慢冷却。数十亿年来，这种原始热量的泄漏推动了地球板块的运动，为海底的扩张、山川的形成和陆地的移动提供了动力。地球热通量的另一个来源是铀、钍和钾的放射性衰变。虽然我们还不太确定，但我们认为大约一半的通量可能是原始热量，而另一

半通量可能是放射性热量。

- 风能

只有 1% 的入射太阳能产生的热能，为驱动世界风能系统的低压和高压模式提供动力。这些气流是由信风形式的热带热量再分配驱动的。全球风能资源约为 1 帕瓦（约 50 世界瓦），但实际上只有一小部分能够利用。陆上风能潜力是海上风能潜力的 4 倍，两者均达到 0.5 世界瓦。

- 生物质能

据估计，全球一次生物质能的总产量（地面上的）相当于 2~3 世界瓦。其中只有一小部分生物质能可以安全地用于能源的生产，因为我们迫切需要通过保护生态系统来保护生物多样性，同时支持生物多样性的其他用途，如林业和粮食生产。生物质能有三种基本类型：(1) 农林业中粮食和纤维生产的直接副产品；(2) 来自食品和林业的间接废物流；(3) 专门为能源生产而种植的植物。对生物质能潜力的合理猜测是 0.09 帕瓦，或略低于 0.5 世界瓦。

计算森林和农场吸收了多少碳是一项棘手的任务，尤其是当政客们这样做的时候。

——德内拉·梅多斯（Donella Meadows）

- 海洋能

海洋能有六种类型：（1）波浪能；（2）潮汐能；（3）潮流能；（4）海流能；（5）海洋热能转换；（6）盐差能（盐度梯度）。海洋生物养殖通常被认为是生物质能源，而深海热液喷口被认为是地热的一部分。潮流能是唯一可单独另算的可再生能源（同地热一样），与太阳通量没有直接关系。相反，潮流能与地月日系统的引力能有关。潮汐使我们得以一窥地球巨大的惯性。计算表明其大约有 3 太瓦的潮汐摩擦，约是 1/6 世界瓦，它能每 100 年减慢地球自转 1.5‰秒。海洋能的总潜力约为 1/3 世界瓦。

- 水能

到达地球表面的太阳辐射中，大约有一半用来蒸发海洋和陆地上的水，从而驱动全球水文循环（global hydrological cycle）。水能（连同风能和波浪能）有时被称为间接太阳能。水力发电有两种类型：（1）河流流动；（2）水库储存。水力发电是一项成熟的可再生能源技术，其产生的能量在未来几十年里可能会翻两番，达到目前一次能源消耗的 10% 左右（0.1 世界瓦）。

很明显，我们周围有大量的可再生能源。我们到处都能看到、感觉到、听到它存在的证据。几个世纪以来，可再生能源一直在不断地流动、碰撞、储存和泄漏，这一切完全都是自然而然的。

然后我们带着镐、铁锹、管子、钻孔机和蒸汽机来了，挖掘过去形成的能源或获取一点水能、风能或太阳能，让其发挥作用。几乎所有的现代人类的存在（大约22万年）——包括最近1万年（全新世时期）的文明、发现和发明——人类社会一直由可再生能源驱动：主要是木材和生物质能，但也有水能和风能。

只要人们对可再生能源的基础设施进行初始投资，自然界就会免费提供原材料。

——娜奥米·克莱恩（Naomi Klein）

只有在过去的500年里，人类社会才发展出了利用煤炭、石油和天然气三种化石能源的技术。全球廉价石油、天然气和煤炭的易开采来源是有限的，在某些地方，这些资源甚至正在枯竭。除此之外，实现零碳排放以防止危险的气候变化的政治承诺，意味着消耗大量化石能源来满足当下能源需求的时代将走向终点，一个利用可再生能源发电和供暖的光明新时代即将到来。

第**3**章

气候时钟正嘀嗒作响

一切地球文明社会都是依赖太阳辐射的太阳能社会

——瓦科拉夫·斯米尔（Vaclav Smil）
《能量与文明》（*Energy and Civilization: A History*）

　　化石燃料正面临淘汰，可再生能源的新时代已经开始。从历史上看，这是意料之中的事。现代社会的发展是由一系列的能源转型推动的。作为狩猎采集者，我们和我们所吃的动物都以动植物生物质能为生。早期文明学会了如何利用动物、水和风力产能，如牛、水磨和帆船。早在中国汉朝（约公元前 100 年），人们就开始使用煤和木炭来生热。在欧洲，化石燃料的最早使用可以追溯到公元 1100 年。

　　从 13 世纪开始，煤炭贸易开始在欧洲诸国间兴起。此后 300 年，煤矿遍布了欧洲。日益增长的用铁需求（冶铁需要木炭），以及贪婪而又快速增长的造船工业造成了木材燃料的短缺，从而激发了煤炭行业的发展。在 1760 年至 1860 年的工业革命中，农业、工业和制造业中以人力和畜力为动力的体力劳动逐渐减少。除水能和风能之外，从人力、畜力形式的能源到使用化石燃料是一个重大的转变，这个转变促进了人类的生存。

工业革命发明了开采和使用如煤、石油和天然气这些化石燃料的新方法。蒸汽机和内燃机的发明为工业革命提供了动力。这些发明可以将原始的化石燃料转化为强大而集中的机械动力和热能。第二次巨大的能源变革发生在19世纪后期，以水力发电和蒸汽涡轮机为代表。我们现在正处于第三次能源大转型中，从基于化石燃料的电力转向现代可再生的电力。

公众对应对气候变化、提高能源效率和可再生能源的支持，意味着政治家们有义务民主地推动体制改革。

——凯瑟琳·米切尔

埃克塞特大学能源政策教授

推动能源转型的技术发明	
现代智人用火	公元前 300000 年
石油灯	公元前 15000 年
锡铜冶炼	公元前 6000 年
尼罗河航行	公元前 5000 年
美索不达米亚：牛拉雪橇	公元前 3000 年
埃及：人桨船	公元前 2500 年
埃及：马车	公元前 2000 年
希腊和中国：被动式太阳能	公元前 1000 年
希腊的煤炭使用	公元前 320 年
中国、波斯和中东：风力泵	公元前 200 年
中国：用煤炭供暖	公元前 100 年
希腊和罗马：水车	公元前 100 年
木炭用于炼钢	公元 1 年
罗马、埃及：玻璃窗	公元 100 年
欧洲：马车	公元 1150 年
欧洲煤炭开采发展迅速	公元 1640 年
纽科门蒸汽机	公元 1712 年

（续表）

萨佛里的 3.75 千瓦矿用发动机	公元 1712 年
密集的欧洲运河系统	公元 1750 年
瓦特的蒸汽机冷凝器	公元 1769 年
水车供能厂	公元 1770 年
阿尔冈：油灯	公元 1780 年
伏打电池	公元 1800 年
蒸汽船	公元 1800 年
史蒂芬森的火箭	公元 1829 年
弗朗西斯的电动水轮机	公元 1847 年
宾夕法尼亚州：石油勘探	公元 1859 年
奥托的四冲程发动机	公元 1876 年
斯旺的灯丝灯泡	公元 1878 年
爱迪生电灯站	公元 1882 年
帕森斯蒸汽涡轮机	公元 1884 年
本茨的第一辆车	公元 1885 年
特斯拉感应电动机	公元 1888 年
迪塞尔引擎	公元 1892 年
莱特兄弟的第一架飞机	公元 1903 年

（续表）

科恩的光伏电池	公元 1905 年
煤中提炼气体（费托合成）	公元 1910 年
原油裂解	公元 1913 年
丹麦：维斯塔斯风系统建立	公元 1945 年
贝尔实验室的第一块硅光伏电池	公元 1954 年
英国考尔德豪尔第一核电站	公元 1956 年
北海天然气量产	公元 1967 年

碳循环

正如我们在第 2 章所看到的，煤、石油和天然气是地球天然碳循环的一部分。它们是由死去的动植物的残余物在数百万年的压力作用下形成的。它们是构成地球子系统的不同圈层之间的碳自然交换的有形证据。

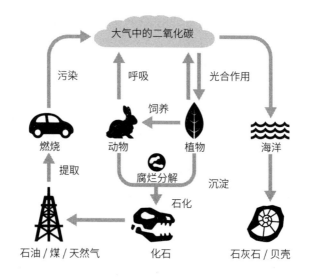

图 3-1 地球子系统中的碳交换

如果你在地球的各个系统中寻找碳，可能会为某种形式储存的碳的数量和规模所震惊。虽然地球大气中二氧化碳的浓度略低于 0.5%，但这实际上相当于 8000 亿吨的碳（大约是我们历史上所有化石燃料燃烧量的 2 倍）。世界上大约有 5000 亿吨的碳在植物中，20000 亿吨的碳在土壤中，17000 亿吨的碳被埋在永久冻土中。上层海洋的前 100 米含有大约同样的碳量，而深海中存储的碳量是上层海洋的 60 倍。已探明的煤炭、石油和天然气储量约为 1.6 万亿吨，除此之外，地球的沉积岩和地幔中还含有大量的碳。

　　这些巨大的碳储量是地球经过数十亿年才形成的。一般来说，地球的系统在较短的时间尺度上几乎处于平衡状态，这些碳储量变化非常缓慢。但是，由于燃烧化石燃料，我们每年的碳排放量是相当大的。虽然大量的碳被长期储存起来，但其中一些碳在陆地植物、土壤、动物、大气和海洋表面水之间快速流动。我们每年排出的碳都超过了陆地和海洋的可吸收量。结果就是我们在大气中储存了更多的二氧化碳，因此二氧化碳的浓度正在增加。

　　我们挖掘、燃烧化石燃料并将二氧化碳释放到大气中的作为正在干扰地球的自然碳循环。单个的二氧化碳分子在大气中只存在短短几年，就会被植物吸收或被海洋表面吸收，之后可能会再次进行循环。当我们在相对短的时间内（以自然碳循环标准）向大气中释放相对大量的二氧化碳时，整个系统受到的总体影响可能是长期的碳"堵塞"。在当前大气二氧化碳浓度的基础上，将 1000 亿吨碳排放到大气中，1000 年后大气中的二氧化碳水平将保持在大约 250 亿吨的高水平。几十年后，海洋将吸收 600 亿吨二氧化碳，陆地将吸收 150 亿吨二氧

化石碳会留下痕迹

当植物或动物死亡并沉入地下、沼泽、湖底或海洋时，其组成部分的碳就被锁住了。自然界中存在三种形式的碳，称为碳同位素：碳12、碳13和碳14。不同的同位素有略微不同的分子质量（它们分别包含6个、7个和8个称为中子的亚原子粒子），这影响了它们在不同的碳储层中被吸收的速率。大约99%的碳是碳12，1%的是碳13，还有一小部分是不稳定的碳14。我们可以将同位素比率作为一种碳指纹。比起较重的碳13，植物更喜欢较轻的碳12。植物体内的碳13/碳12比大气中低约2%。因为化石燃料来自古老的植物，所以它们的碳13含量更少。当我们向大气中排放4400亿吨化石碳时，我们正在将碳13的正常背景浓度稀释到甚至低于1%的标准。同位素地球化学家可以通过分析树木年轮、泥核和冰核来回顾过去的两三个世纪，他们观察到大气中的碳13含量下降，表明了大气中额外的碳来自化石燃料。

　　自工业革命开始以来，大气中二氧化碳的浓度增加了约
50%，现在约为 412 ppm[1]，每年增加约 2 ppm。这个增长速度听
起来可能不是很快，但这个速度是过去 100 万年的 150 倍。

　　我们知道，地球的大气层使地球的温度升高了 33℃。这是
因为一些大气气体吸收了入射的短波辐射通量，并以更长的波长
重新发射能量。它们会引起暂时的升温效应——温室效应，我们
称之为温室气体。

　　人类对气候变化的影响是明显，而且是主导性的。大气和
海洋正在变暖，积雪面积正在缩小，北极海冰正在融化，海平面
正在上升，海洋正在酸化。

——科琳娜·勒·库埃尔（Corinne Le Quéré ）

东英吉利大学气候科学与政策教授

---

1. part per million，定义为百万分之一，即 1ppm=0.0001%。

基林曲线

基林曲线(The Keeling Curve)是大气中每日二氧化碳浓度的记录。测量地位于夏威夷的莫纳罗亚天文台，由加州大学圣地亚哥分校的斯克里普斯海洋学研究所维护。基林曲线在 1956 年由查尔斯·基林开始测量，是目前世界上持续时间最长的大气中二氧化碳浓度的测量。这是一条标志性的弯曲测线，从 20 世纪 50 年代末的平均 315 ppm 到 2020 年的大约平均 415 ppm，几乎呈线性增长。每年的波动显示了北半球的植物是如何在春季和夏季吸入二氧化碳并在冬天呼出二氧化碳的。在过去的 1 万年里，大气中的二氧化碳浓度相当稳定地介于 260ppm 到 280ppm，直到 1850 年开始猛增。基林曲线是对由于燃烧化石燃料而额外排放到大气中的 2750 亿吨二氧化碳的直接测量。

水蒸气和二氧化碳是非常强大的温室气体。大约有 13000 立方千米的水以水蒸气的形式分散在大气中，当然，大气中的水蒸气是天然的。它是水循环的重要组成部分,在地球上存在了超过 30 亿年。

自工业革命以来,我们向大气中额外排放的二氧化碳、甲烷、一氧化二氮和其他的工业气体,造成了全球变暖或增强的温室效应,我们称这些气体为"人为温室气体"。水蒸气(取决于其大气浓度)造成的温室效应是二氧化碳的 2~4 倍。这些气体大量吸收短波太阳辐射,使能量激发,然后将长波红外辐射反射回大气。

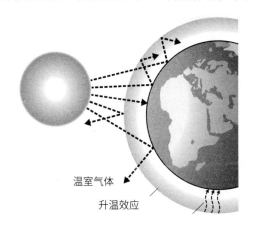

图 3-2　温室气体将长波红外辐射反射回大气

正如我们在第 1 章中讲到的,系统总会达到热平衡(最大熵),如果任由地球系统自行调节,它是可以应对额外产生的二氧化碳(或甲烷等)的。地球系统会出现暂时的变暖,然后会恢复平衡。

问题是，工业活动在持续产生着大量的温室气体。自工业革命开始以来，温室气体一直在稳定地增加，在全球范围内几乎没有放缓的迹象，更不用说下降了（现在说新冠肺炎疫情大流行造成的破坏和革新是否会导致长期的减碳和节能还为时过早）。所以，随着时间的推移，我们燃烧了更多的化石燃料，大气中二氧化碳的浓度增加，大气吸收了更多的热量。

我们最乐观的猜测是，如果大气中二氧化碳浓度从 280 ppm（工业化前的浓度）翻倍到 560 ppm，全球表面平均温度将增加 3°C（有 95% 的概率在 1.5°C ~ 4.5°C）。科学家们称这个估算值为气候敏感性[2]。不是所有的科学家都同意这个数字——一些气候模型给出升温较低的结论（较低的气候敏感性），而另一些则给出升温更高的结论（较高的气候敏感性）。

大气吸收的额外热量中大约有 90% 被转移到海洋——海洋表面非常善于吸收红外热能。平均到海洋总深度，相当于每平方米海洋吸收 0.7 瓦特的热量。这听起来可能不是很多，但想象一下，在 3.6 亿平方千米的海洋上每隔着一张办公桌的距离放一盏

---

2. 气候系统对外界扰动响应的敏感程度。

LED 灯（发光二极管）。在 1980 年到 2020 年的 40 年间，上层海洋的热含量（前 2000 米）一直在以 10 世界瓦 / 年的速度增长。换句话说，上层海洋就像一个插在相当于 10 倍全球经济总量的电源上的巨大水壶。二氧化碳浓度与温度存在一定的关系，通过停止使用化石燃料来限制温室气体的排放（以及减少其他温室气体的排放）将减缓全球变暖的速度。

一万亿吨与气候时钟网

2009 年，牛津大学气候科学家迈尔斯·艾伦（Myles Allen）及其同事在科学期刊《自然》上发表了一篇开创性的论文。《联合国气候变化框架公约》于 1992 年的地球峰会上通过，其目标相当模糊，即将全球变暖限制在"安全水平"。直到 21 世纪初，科学家和政治家们才为"安全"的概念定下了一个数字，即限制由人类活动导致的变暖比 1850 年工业化前的温度高出 2℃。建立地球系统对全球碳排放的反应模型是一门复杂而不确定的科学，但艾伦教授和他的同事们设法用一种简洁的方式实现了这一目标。他们计算出，为了将全球变暖控制在 2℃ 的合理范围内，全球历史和未来的碳排放量应控制在 1 万亿吨（根据分子质量调整后为 3.67 万亿吨二氧化碳）以内。

目前，发达国家的人均石油消耗量平均为每年 14 桶。在发展中国家，人均石油消耗量只有 3 桶。当数十亿人口从人均 3 桶增加到 6 桶时，世界将如何应对？

——丹尼尔·耶尔金（Daniel Yergin）

《探寻：能源、安全与重塑现代世界》

（*Energy, Security and the Remaking of the Modern World*）

换句话说，我们可以开采并燃烧多少化石能源有一个非常明确的界限。我们已经用完了大约 70% 的排放预算。目前，我们每年直接通过燃烧化石燃料（还有少量来自水泥生产）排放约 400 亿吨二氧化碳。气候时钟网（Climateclock.net）是由艾伦教授和他的团队建立的倒计时时时钟，它回答了一个问题：考虑到目前的排放速度和人为导致的变暖水平，并假设过去 5 年的排放趋势将一直持续，那么在上升 1.5℃所允许的剩余排放量用完之前，还需要多长时间？在撰写本书时，答案是大约 12 年。到 2052 年全球将变暖 2℃。

如果以目前的排放水平继续下去，气温将继续上升。如果我们想将全球气温上升稳定在 1.5℃以内，我们就必须在 2050 年前实现全球净零排放。我们提及的净零排放是指大气中增加的温室气体总量少于我们从大气中清除的温室气体总量。例如，通过植树或使用尚未发明的大型二氧化碳真空吸取机并连接到长期存储系统。如果我们想将全球气温上升稳定在 2℃以内，那么我们还有 20 年的时间可以在 2070 年前实现净零排放。

2019 年全球一次能源消耗	
	全球一次能源消耗量（%）
煤	26
石油	31
天然气	23
现在可再生能源	10
核能	5
传统生物质能	5
合计	100
注意：测量一次能源的方法很复杂，我们将在第 9 章讲到这一点。	

我们意识到气候变化和燃烧化石燃料的问题大约已经有 40 年了。然而，在此期间，我们对煤炭、石油和天然气的消耗量一

直在稳步增长。2019 年，我们打破了石油和天然气的消耗量纪录，煤炭消耗量仍接近历史最高水平。

人类从来没有像现在这样消耗这么多的能源。目前大约有 80 亿人生活在地球上，比以往任何时候都多，而且我们的人口每 12 年增加 10 亿左右，这使得我们在 2050 年左右实现净零排放更具挑战性。让问题更加复杂的是，国际能源机构预测，如果我们继续这样下去，到 2050 年约 100 亿的世界人口将需要 2 世界瓦的能源，也就是接近我们今天消耗的一次能源的 2 倍。

目前，我们从化石燃料中获得约 5000 万亿焦耳的能量，从可再生能源中获得 670 万亿焦耳，从核能中获得 250 万亿焦耳。我们不能仅仅依靠核能或水力发电来取代化石燃料。大型核电和水电项目的扩建存在一些严苛的限制。因此，在短短二三十年的时间里，我们需要将可再生能源的生产总量提高 10~20 倍。

毫无疑问，可再生能源是未来的趋势，没有其他选择。虽然一些城市、国家和公司正在致力于实现 100% 使用可再生能源的未来，这是非常令人鼓舞的行动。我们必须承认，整个世界都需要像前工业时代那样几乎 100% 使用可再生能源，这个期待很快就会实现。

第 4 章

我们在阳光下蓬勃发展

世界上的工业化国家完全有可能结束对不可再生能源的依赖，在无限可持续的太阳能的基础上创造一个更温和、更公平、更具有生态意识的文明。

——戈弗雷·博伊尔

如果地球不自转，一天就相当于一年。幸运的是，地球在365 天绕太阳运行一圈的公转轨道上每 24 小时自转一次。地球的自转轴近乎垂直于地球公转轨道面（实际上黄赤交角以大约4.1万年为周期在 22°~25° 的范围内变化），这使得赤道地区炎热、极地地区寒冷。

每天都有大量的太阳能量到达地球表面。从太阳的角度看，地球是一个距其 1.5 亿千米外的扁平圆盘。正如我们在第 2 章中读到的，到达这个圆盘的太阳通量（集中的太阳光）大约是1370 瓦 / 平方米。从地球的角度来看，通过大气层顶部的太阳通量平均为 342 瓦 / 平方米（为总量的 1/4，因为地球的表面积是其投影面积的 4 倍）。由于云层和温室效应，大约有 50% 的能量最终会被反射回太空，留下平均 170 瓦 / 平方米的太阳能通量到达地球表面。

如果我们研究的是整体的地球辐射收支[1]，那么这是一个很理想的数字，但如果我们想更多地了解获取太阳能量的潜力，我们要在实际地理位置上更细致地研究阳光。

想象一个 1 平方米的太阳能集热器，我们可以把它放在地球表面的任何地方。无论我们把它放在哪里（除了某些月份的两极地区），它都会经历日出、正午和日落。在一天中，阳光照射在水平集热器上的强度变化从夜间的零到中午时分的最大值，然后在日落后再次降至零。太阳在天空中的位置越低，入射角越大（从垂直方向测量），它接收到的阳光就越少。当太阳高度为 60°（从垂直方向测量）时，太阳能集热器接收到的太阳光将是直射头顶时的一半。因此，平均而言，集热器越靠近赤道，太阳每日在天空中的路径就越高，集热器在一天中接收到的太阳辐射量就越大。这一切的前提是没有讨厌的云来阻碍阳光的接收。云是影响集热器接收阳光的一个主要因素。

---

1. 地球及其大气吸收的太阳辐射能与以长波射出辐射形式离开地球大气上界的辐射能间的差额。

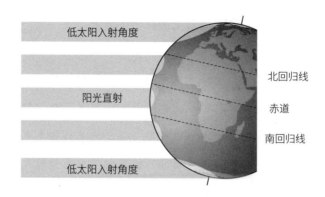

图 4-1　太阳照射地球状况图

让我们先来看全球平均接收的太阳能量值。每年接收的太阳能量以 170 瓦 / 平方米计算，约为 1500 千瓦时（170×365×24瓦时），即每天约 4 千瓦时。这是一个全球的理论平均值。根据世界银行的《太阳能地图集》，太阳辐射的变化范围从北欧每年1000 千瓦时 / 平方米的一半或以下，到赤道每年 2000 千瓦时 /平方米及以上。因为有一种专用的太阳辐射计量器——总日射表（pyranometers），我们得到了一些全球、区域和局部范围内平均太阳能潜力的详细地图，天气系统（特别是云层）在特定地区的太阳能潜力中起着重要作用。

地球上阳光最充足的地方

平均而言，地球上阳光最充足的地方云层较少，因此雨水也较少。世界炎热沙漠的地图显示它们都相交于北纬或南纬30°，这并非偶然。大量的阳光照射到赤道地区，形成了巨大的、稳定的、可预测的天气模式，气象学家称之为哈德里环流圈（Hadley cells）。暖湿气流在赤道上升，形成信风和雷暴等热带天气系统。它向北或向南移动，直到干热的空气在南北纬30°下沉为高气压。美国亚利桑那州的尤马，是世界上阳光最充足的地区之一。日照时间从冬季的11个小时到夏季的13个小时不等，平均10天中有9天是无云的。尤马的月平均水平面总辐照度（GHI，即 Global Horizontal Irradiance）为5.83千瓦时／平方米／天，这是1平方米水平表面接收的总辐照度，是到达水平表面的两种阳光（直射和散射）的总和。

我认为太阳能将成为世界电力市场的新王者。

——法蒂赫·比罗尔（Fatih Birol）

国际能源署署长

　　哪个地区是世界上阳光最充足的？两种不同的测量阳光的方法可能会引起一些激烈的争论。第一种是法向直射辐照度（DNI，即 Direct Normal Irradiance），它测量的是太阳辐射的垂直分量。第二种是水平面散射辐照度（DHI，即 Diffuse Horizontal Irradiance），它测量的是被大气散射的太阳光，有时称为天空漫射辐射。大多数太阳能集热器朝着太阳的角度倾斜，有些集热器根据太阳的日常路径调整角度并追踪太阳，以最大限度地收集太阳能量。当集热器的平板形成某个角度，它既能接收直射和散射的阳光，也接收第三种阳光——从地面直接反射到集热器的阳光，这是以固定角度朝向太阳安装的光伏系统进行第三种测量方法。全球倾斜表面辐照度（GTI，即 Global Horizontal Irradiance）可以根据全球水平面总辐照度和法向直射辐照度计算得到。法向直射辐照度与追踪太阳的太阳能集热器相关度更高，因为法向直射辐照度能更精准地测量出太阳能集热器"看到"的太阳光。

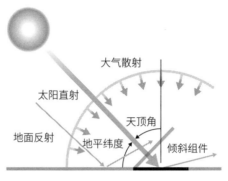

图 4-2　测量阳光的方法

哪个大陆的阳光最充足？非洲大陆在一种测量方法上胜出，澳大利亚大陆在另一种测量方法中胜出。这些差异对人类来说难以察觉，但对太阳能集热器平均接收的太阳辐射量却有着重大影响。而且，这些差异对于依靠太阳能的农民也很重要，他们要计算一年内能收集多少能量，进而计算能赚多少钱。

	千瓦时 / 平方米 / 天	
	全球水平面总辐照度	法向直射辐照度
非洲	5.71	6.25
澳大利亚大陆	5.59	6.59
南美洲	4.90	4.79
大洋洲其他地区	4.19	4.41
亚洲	3.18	4.43
北美洲	3.24	4.03
欧洲	2.93	3.25

太阳热能技术

收集太阳热能的技术已经发展了很长时间。玻璃是最古老但仍是最重要的太阳能收集材料之一。它有一个特性，能够让日光穿透，但同时也能捕集到一些可能会逸出的太阳红外辐射。因此，窗户就是一个太阳能集热器。日光透过窗户照射进来是一种被动式太阳能技术。之所以说是被动式，是因为它没有可移动部件或管道，而是依靠日光来加热玻璃内侧的空气和表面。在温带或较寒冷的气候中，人类和动物很少会错过躺着晒太阳这种被动取暖的机会。建筑物的设计也可以考虑被动收集太阳能，这可以大大减少一年中的供暖需求。

尽管太阳能在全球能源中所占比例仍然很小，但我们现在正处于指数增长的阶段。未来几年将有一场疯狂的旅程。

——杰里米·莱格特（Jeremy Leggett）

太阳能世纪公司总监

太阳能热水器有多种形式。一个装满水的黑色袋子或水管在晴天会迅速升温。如果你在露营的话，这种加热方式既简单又有效，但不能存储热水到晚上或第二天早上。1909 年，威廉·贝利在加利福尼亚获得了太阳能热水集热器的第一项专利。他通过 24 小时太阳能热水器公司销售这种热水器，而且为其产品配备了一个储存热水的保温罐。1 个世纪后，虽然太阳能热水器的设计变得更加复杂，但基本物理原理并没有改变。

　　这项技术在全世界大多数国家和气候条件下都得到了广泛应用。例如，在塞浦路斯和以色列，由于政府的监管和支持，90 % 的家庭拥有太阳能热水系统。

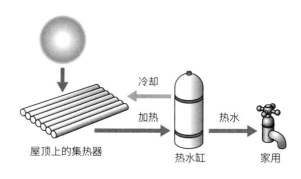

冷却

加热

热水

屋顶上的集热器　　热水缸　　家用

图 4-3　太阳能热水器的原理

　　太阳能收集器有多种类型。最基本的是使用热水作为集热器和水箱中的循环流体。这些是直接或开环的设计。当水足够热时，你只需打开水龙头就有热水。如果它能够自然循环（热虹吸管），则被称为被动系统。如果需要一个循环泵，我们则称其为主动系统。大多数现代太阳能集热器是间接或闭环系统，利用工作流体（如防冻液）在一个单独的回路中流动，通过热交换器将热能从集热器传递给储存罐中的热水。特别是如果工作流体是加压的，这种方法效率更高。平板式集热器设计是一大块铜质平面，通常被封装在玻璃绝缘盒内。玻璃是一个重要的材质，它大大地提高了效率，尽管仍有相当多的热损失。真空管集热器的设计是利用真空来减少对流热损失，通常在各种温度、云层条件和季节下都更有效率。

国际能源署（IEA）估计，2019 年全球安装了约 6.84 亿平方米的太阳能集热器，提供了约 480 吉瓦（热能），估计输出能量 390 亿千瓦时——节省了 4200 万吨石油，减排 1.35 亿吨二氧化碳。在中国、美国、德国、澳大利亚、墨西哥、土耳其、丹麦、塞浦路斯、南非和希腊，太阳能集热器都有很大的市场。到 21 世纪中叶，太阳能热水系统可以满足 15%~30% 的热水需求，显著节省了大量经济燃料。太阳能热水系统的投资回报期视技术和地点可缩短至 2~4 年。

光伏发电

当光照射到某些材料上时，就能产生电。1839 年，法国物理学家埃德蒙·贝克勒尔（Edmond Becquerel）首次观测到光伏效应，即光激发电子的流动。英国电报电缆工程师、科学家威洛比·史密斯（Willoughby Smith）于 1873 年发现了光电导性，即电子发射到导体中。他偶然发现他的硒测试棒在阳光照射下导电性更强。1877 年，威廉·亚当斯（William Adams）和理查德·戴（Richard Day）观察到固化硒中的光伏效应，并发表了一篇关于硒电池的论文。

世界上第一块太阳能光伏电池归功于美国人查尔斯·弗里茨（Charles Fritts），他在 1883 年制造了第一块硒太阳能电池。它的效率不到 1％，直到 1954 年，贝尔实验室才发明了第一块实用的硅太阳能电池，效率约为 6％。贝尔实验室在当时投放广告时，承诺这是一种"无限的太阳能"。1958 年，美国"先锋 1 号"卫星成为第一颗使用太阳能发电的卫星。它仍然是在轨道运行的最早的人造物体！

太阳能光伏电池是由薄层半导体材料（通常是硅）制成的，

再以各种方式连接在一起，形成一个面板或薄层。许多研究仍然在继续提高太阳能光伏电池板的效率。2019 年，美国国家可再生能源实验室开发的系统发电效率达到了 47％的世界纪录，但这些系统非常昂贵，主要用于航天工业，而普通的商业发电效率仍为 15%～20%。

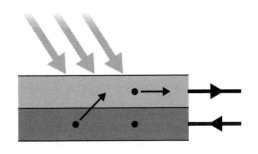

图 4-4　太阳能光伏电池的原理

太阳能光伏产业每年以 12％左右的发展速度增长。2019 年全球总装机容量为 627 千兆瓦，相比之下 2009 年仅为 23 千兆瓦。其中大部分在中国（约 200 千兆瓦），美国、日本、德国和印度装机容量总和为 400 千兆瓦。从全球来看，光电池发电量仍然相对较小，约为总发电量的 3％，但在一些国家，其贡献要大得多，例如，洪都拉斯为 10.7%，意大利、希腊、澳大利亚和日本均超过 7％。

有了这个现代版的阿波罗太阳战车，贝尔实验室的科学家们已经利用了足够多的太阳光来为电话线上的声音传输提供动力。

《纽约时报》

1954 年 4 月 26 日头版

光伏发电的成本一直在迅速下降，在一些市场上已经具有与煤炭、天然气和海陆风力发电相当的竞争力。虽然屋顶分布式太阳能光伏的潜力巨大，但绝大多数光伏增长来自大型集中式地面太阳能光伏电站。为了降低成本，这些工厂正在变得和化石燃料工厂一样大。2019 年，全球安装了 35 个 200 兆瓦以上的太阳能光伏电站，有的甚至达到 500 兆瓦（在越南、西班牙和中国）。印度最近完成了两个巨大（超过 20 千兆瓦）的项目——帕瓦加达太阳能发电站和巴德拉太阳能公园。

这些太阳能电池板的技术寿命正在增加，现在约为 30 年。这意味着我们将看到大量破损和有缺陷的光伏板需要回收。目前全世界光伏板累计总安装量约为 500 万吨，与预计到 21 世纪 50 年代退役的光伏板废弃物总量大致相同。光伏板一般被归类为普通废物或工业废物，而深知旧光伏板退役浪潮即将到来的欧盟，已经制定了具体的光伏电子废弃物回收和循环利用的法规和目标。目前售出的光伏电池板中，约75%是硅（分为单晶硅和多晶硅），11%为薄层（铜铟镓硒或碲化镉），14%由有机光伏电池和高级晶体硅等其他技术构成。

　　光伏板的材料主要是玻璃，以及聚合物、铝、硅、铜和银，还有微量的锌、镍和锡等其他金属。太阳能光伏产业和各国政府正在制定战略，利用先进的设计以及减少、回收和再利用战略，最大限度地减少日益严重的光伏废弃物问题。

　　在澳大利亚爱丽斯泉和达尔文之间，有一个10千兆瓦太阳能发电厂正在规划中。太阳电缆工程将通过海底高压直流电缆向新加坡输出部分电力。一些备受推崇的技术评估指出，到2050年，全球1/3甚至更多的电力需求将通过分布式和集中式的光伏发电来满足。

世界上最大的太阳能光伏发电场				
年份	名称	国家	兆瓦	面积（平方千米）
2005	巴伐利亚太阳能发电厂	德国	6.3	0.4
2006	Erlasee太阳能公园	德国	11.4	0.8

（续表）

年份	名称	国家	兆瓦	面积 （平方千米）
2008	奥尔梅迪利亚光伏公园	西班牙	60	2.8
2010	萨尼亚光伏电站	加拿大	97	4.5
2011	黄河水电格尔木太阳能园区	中国	200	5.6
2012	阿瓜卡连特太阳能项目	美国	290	9.7
2014	托帕石太阳能农场	美国	550	19
2015	龙羊峡大坝太阳能园区	中国	850	27
2016	腾格里沙漠太阳能园区	中国	1547	43
2019	帕瓦加达太阳能发电站	印度	2050	53
2020	巴德拉太阳能公园	印度	2245	57

聚光太阳能发电

通过使用镜子来聚集阳光有可能产生非常高的温度使水煮沸，并推动蒸汽涡轮机来驱动发电机。聚光太阳能发电厂有四种类型：

- 发电塔由地面上大量的太阳跟踪镜组成，我们称之为定日镜（heliostats），所有的定日镜都聚焦在中心塔的顶部，中心塔内有水、油或盐，加热后驱动蒸汽涡轮机。

- 槽形抛物面聚光集热器系统将太阳光线聚焦到一根管道中，管道里的油沿着一个槽形抛物面的聚光点流动。这种集热器可以追踪太阳在天空中的轨迹，将油加热到200℃~400℃并抽走以产生蒸汽/电力。

- 碟形抛物面聚光系统将一个小型斯特林发动机置于一个大型射电望远镜的中心位置。

- 线性菲涅耳集热器使用近似于抛物线形状的巨型镜来产生过热蒸汽。

世界上大多数的聚光太阳能发电厂都是槽型的，尽管发电塔型正在赶超，且经济前景最为有利。2019 年，全球安装了超过 60 亿瓦特的聚光太阳能发电厂。西班牙是领先国，装机容量超过 2.3 千兆瓦，其次是美国，约 1.7 千兆瓦。最近的聚光太阳能发电厂计划都涉及某种形式的热能存储，因为这是一种相对便宜的方式，可以存储约 7~10 小时的太阳能。这使得聚光太阳能发电厂能够在白天收集太阳能，并将其转换为满足晚间高峰需求的电力。大多数聚光太阳能发电厂将热能储存在一个巨大的圆柱形金属罐子中，类似于你可能在港口或机场看到的大型燃料箱。储存在罐内的熔盐约为 565℃，令人惊讶的是，它每天只会损失 1℃ 的热量，这意味着热量可以储存数周。这些储罐在需要修理前可以使用大约 30 年，而熔盐可以反复使用。

聚光太阳能发电厂非常适合法向直射辐照度超过 2500 千瓦 / 平方米 / 年的地区。这包括如澳大利亚的沙漠、中国、印度、巴基斯坦、俄罗斯、美国南部、中美洲和南美洲、非洲（北部和南部）、地中海、中东和伊朗等许多地区。据合理的保守估计，到 2050 年，聚光太阳能发电厂能满足世界电力需求的 10%。

太阳能燃料

我们的未来是由电力主导的，还可能涉及利用可再生能源生产氢气。氢气对于可再生的电力来说是一种非常有用的伴生燃料，毫无疑问，这是未来最令人振奋的太阳能技术之一。好消息是地球上有大量的氢。它大多以水、动植物和化石燃料的形式与氧结合。大气中只有一小部分的氢气存在，因为它具有逃逸地球引力进入太空的倾向。

　　光伏电解是一种非常干净、绿色的制氢方法。

　　　　　　　　　　——玛丽·阿彻女爵（dame mary archer）

　　可再生电力可以通过电解将水分解成氢和氧。从阳光中产生"绿色氢气"的期望是可实现的，也是未来完全净零碳设想的关键部分（详见第9章）。

　　正如我们在第2章中所见，太阳能代表了迄今为止利用可再生能源的最大前景。假设总土地面积的一小部分（少于2%）可用于集中式光伏发电厂，那么未来直接利用太阳能的巨大潜力就可以计算出来。聚光太阳能发电厂的潜力与阳光充足、太阳辐射强度很高的地区部分重叠。太阳能供热的潜力是如此巨大，它实际上只受到热量需求本身的限制。并非世界上所有地区都有很高的太阳能发电潜力，也并非所有地区都能在化石燃料或核燃料方面自给自足。无论是直接利用低损耗直流输电网还是间接通过氢气管道，收集和输出太阳能的前景都是非常巨大的。

全球直接太阳能潜力（以世界瓦为单位）		
	最小值	最大值
中东和北非	0.7	18.5
撒哈拉以南非洲	0.6	15.9
苏联	0.3	14.4
北美	0.3	12.4
中亚	0.2	6.9
拉丁美洲和加勒比地区	0.2	5.7
太平洋经济合作与发展组织	0.1	3.8
南亚	0.1	2.2
太平洋亚洲	0.1	1.7
西欧	0.0	1.5
中欧和东欧	0.0	0.3
总计	2.6	83.2

1 世界瓦为 599 艾焦 / 年,这是我们 2019 年的全球一次能源消耗量。

国际能源署的可持续发展方案显示，与 2018 年相比，2040 年光伏发电的发电量将增长 12 倍，聚光太阳能发电量将增长 67 倍（尽管基数相对较小）。2020 年，国际能源署证实，现在太阳能是史上最便宜的电力。在未来的几十年里，人类将越来越多地依赖各种形式的太阳能量，实现繁荣发展。

第 5 章

立体派是风能的艺术

与所有化石燃料发电源相比，陆上风力发电的成本已经具有竞争力，而且成本还会进一步下降。

——国际可再生能源机构

几千年来，风一直为人类文明提供动力。正如我们在第 3 章中所看到的，有证据表明大约在公元前 5000 年，就有帆船在尼罗河上航行。我们也发现公元前 3000 年到公元前 1500 年间，在印度洋和太平洋岛屿上航行的第一艘远洋船使用了蟹爪帆。我们在将风能转化为水泵、面粉厂和帆船的机械动力方面有着悠久的历史。还有很多利用弹簧、杆和百叶窗制成的微型发明，帮助风车应对不同的大风条件并进行自我调节。尤其值得一提的是 1813 年英国工程师兼发明家威廉·库比特（William Cubitt）对弹簧和卷帆的改进，他使用百叶窗取代常用的布帆并获得了专利。

魔鬼的杰作

苏格兰电气工程师詹姆斯·布莱思教授（James Blyth）于 1887 年制造了第一台风力涡轮机。他曾利用布帆涡轮机给电池充电，并用这些电来照亮他在苏格兰阿伯丁郡的家。在风力适中的情况下，他的发明可以为 10 个 25 瓦的灯泡提供电能。他提出将多余的电力用来照亮他所居住的玛丽柯克的主要街道，但这一提议被拒绝了，因为镇上的居民认为电力是"魔鬼的杰作"。

1888 年，美国发明家查尔斯·布拉什（Charles Brush）在俄亥俄州的克利夫兰制造了最早的大型电动风力涡轮机，可输出 12 千瓦功率，是直径为 17 米的多叶片设计（想象一个沙堡风力玩具，而不是如今的螺旋桨设计）与第一个升压变速箱的结合，它增加了从风力转子到电动马达的每分钟转数。布拉什用这一发明为一组电池充电，供他的豪宅使用。

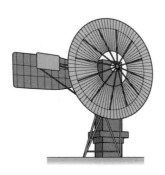

图 5-1　最早的大型电动风力涡轮机

1891 年，有着远见卓识的丹麦科学家保罗·拉·库尔（Poul la

Cour, 绰号 "丹麦爱迪生") 用风力涡轮机为电解器供电, 电解器继而产生氢气和氧气, 供学校煤气灯使用。现今, 风能电解将水转化为氢, 是低碳电力系统中存储风能的一种方法, 也是先进可再生能源系统中最让人振奋的领域之一。储存风能反过来有助于管理电网。我们称之为 "绿色氢气" 革命。

当变革之风吹起, 有人修建高墙, 有人则修建风车。

——中国谚语

20 世纪的风能发展主要由丹麦和美国推动。20 世纪 80 年代, 德国和西班牙也加入了该阵营。最近, 几家中国公司也进入到这个市场。风能有时被称为间接的太阳能。风是由太阳的能量直接驱动的, 因为太阳的能量会不断地产生相对短暂的高压和低压系统。这就是我们在天气预报中看到的等压线。大气是一个热对流混合而成的不稳定的空气团。在赤道地区, 温暖潮湿的空气上升到大约 18 千米的高度, 然后向北或向南移动, 一部分在纬度 30° 下沉, 一部分在纬度 60° 左右下沉并遇到极地冷气团。空气的上升和下沉形成了可预测的大范围信风模式, 水手们已经运用信风长达上千年之久。除了信风，还有由陆地、山脉和海洋生成的地方风系。

全球风能图集

随着新的涡轮机被设计得更大、更便宜、更强劲，并且能够安装在近海更深的地方，人们对全球风能资源大致规模的估计值也随着时间的推移而增加。从技术上讲，风能足够供应当前全球发电量的 6 倍。全球风能资源图集显示，风能资源在陆地和沿海地区的分布是不均匀的，其分布主要集中在北南纬 30°~60° 的区域。并不是地球上所有多风地区都适合建设大型风力发电项目，地理位置和经济状况（与城市的距离、电网状态、社会接受度）会在全球风能资源最终开发的程度上发挥重要作用。

到目前为止，风是一种未被驯服、未被驾驭的力量。很可能今后最伟大的发现之一就是对它的驯服和驾驭。

——亚伯拉罕·林肯（Abraham Lincoln）

到 2050 年，全球陆地和海洋风能的技术潜力约为全球电力需求的 2 倍，即大约 80000 太瓦时 / 年。实际上，预计在 2050 年，风能将供应全球总电力需求的 1/4。未来 30 年，全球陆地和海洋风能新增总量一半以上将来自亚洲，其中大部分来自中国及其他陆地地区，北美与欧洲将占到剩下的大部分。丹麦超过一半的电力来自风能，立陶宛和爱尔兰的则超过 1/3，其他几个国家紧随其后。

涡轮技术

现代风力涡轮机是高度复杂的设备，结合了尖端科学与技术专业知识、计算设计、操作和维护程序。它们由一个安装转子叶片的轮毂和一个塔架组成，轮毂安装在一个叫作发动机舱的盒子上。风力涡轮机的叶片与飞机的机翼非常相似——它们是由玻璃或碳纤维增强塑料等复合材料制成的，可弯曲和收缩。

发动机舱包含传动轴、齿轮箱、发电机、制动器以及俯仰和偏航马达。转动轮毂的旋转机械能通过传动轴传递到齿轮箱，在传动轴上，转速增加，为发电机提供动力。偏航驱动帮助涡轮机水平旋转，以确保转子始终处于迎风状态。另一项关键技术是优化叶片相对于风的俯仰或角度，涡轮叶片在套筒中旋转，与直

升飞机的旋转叶片相似，可以增加或减少垂直加速度。俯仰和制
动系统调节轮毂的速度，以最大限度提高能源生产，并保护涡轮
机免受强风的损害。

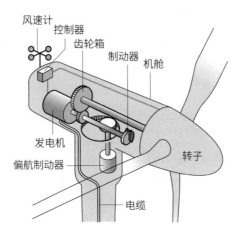

风速计
控制器
齿轮箱
制动器
机舱
发电机
偏航制动器
转子
电缆

图 5-2　风力涡轮机的简要构造

　　小型创新将继续提高捕风的整体效率。一个简单的例子就
是涡流发生器。粘在涡轮机底部的小塑料垫可以改变气流，从而
使风电场的能量输出提高 1%～3%。除了风力涡轮机本身，风电
场还需要一个变压器，并与附近的电网建立连接。变压器是一种
巨大、昂贵的金属机器，用于海上风力发电场的变压器更是如此。
例如，一个 800 兆瓦交流 - 直流转换器重约 1 万吨。

动能

　　风是一股流动的空气。低速时，我们通常感觉不到它，但空气并不像我们想象的那么稀薄。在海平面上，它的平均质量约为每立方米 1.23 千克。将一只手伸出车窗，我们可以感觉到随着车速（风速）的增加，风力也在增加，准确地说是风力随着风速的立方而增加。这意味着，当风速从 4 米 / 秒增加到 5 米 / 秒时，风力将增加一倍。立方定律很重要，因为它告诉我们，如果我们想从风中获得更多的风能，可以改变两个因素：我们可以让涡轮叶片变大（增加它们的横扫面积），或者我们可以把风力涡轮机设置在多风的地方（增加风速）。

　　将转子叶片的面积增加一倍，功率输出也将增加一倍。但是使用同样大小的转子叶片，我们仍然可以通过将风场从平均风速 6 米 / 秒的位置转移到平均风速 8 米 / 秒的位置，使输出功率增加一倍以上。将给定尺寸的风力涡轮机的输出功率最大化，可以降低发电成本。例如，英国最早的一些风力涡轮机之所以建在多风地区或山上，通常在几千米外就能看到，原因就是风功率密度公式。风力发电的经济性就在于增加转子叶片的尺寸，然后找到最大的风力。因此，与之前的风力涡轮机相比，最新的风力涡轮机体积巨大，并且安装在风力更大的地区。

风功率密度公式

风力发电设计师、工程师和企业家总是最先考虑风功率密度公式。风力发电是将风力的动能转化为机械能来驱动电动机内磁铁产生电的一个例子。质量为 m（千克）的物体以速度 v（米 / 秒）运动时的动能（焦耳）可以用以下公式计算：

动能 $= 1/2mv^2$（公式 1）

每秒通过涡轮叶片的空气质量为 m（千克），与风速 v（米 / 秒）、风力涡轮机转子的面积 A（平方米）以及空气密度 ρ（海平面上 1.23 千克 / 立方米）成比例。

$m = \rho A v$（公式 2）

将这两个公式结合起来，我们就得到了计算风功率 P（瓦特）的著名风功率密度公式：

$P = 0.5 \rho A v^3$（公式 3）

尽管密度值会有所不同（见第 6 章），但同样的公式也可以用于计算潮汐、洋流或河流的功率。

当然，海上风速通常更大（在相同的轮毂高度下），但在
海上安装、运营和维护风力发电场的成本要比陆地上高得多。目
前，海上风力发电的成本大约是陆上的 2 倍。

似乎每年都有新一代的涡轮机问世。

——迈克尔·洛克（Michael Rucker）

童子军清洁能源（Scout Clean Energy）创始人兼首席执行官

风力涡轮机在达到 3~4 米 / 秒的切入速度前一直处于休眠
状态。然后它们开始转动，功率输出随着风速增加，直到涡轮机达
到其"额定功率电平"（rated power level），通常在 11~15 米 / 秒的
范围。随着风力的进一步增大，涡轮机的控制机制（失速和俯仰
控制）会阻止叶片转动得更快，防止涡轮机的机械和电子设备过
载。大多数现代涡轮机在风速超过 25 米 / 秒（切出速度）时停
止发电，以防止其损坏。理论上，可以从风中获取能量的上限略
低于风能总量的 60%，这就是所谓的兰彻斯特 – 贝茨极限（the
Lanchester–Betz limit）。

海上风电 VS 陆上风电

陆地上的风车已经存在很长时间了。1850年，欧洲风车在数量最多的时候大约有20万台（相比之下，水车可能有50万台），而其中的10%至今仍在荷兰运行！然而，海上风力发电场相对较新。由于受到较少的摩擦与地形的破坏，海岸线附近的风通常更强、流动更平稳。第一个海上风力涡轮机位于丹麦洛兰岛的温讷比海上风电场，于1991年完工。它于25年后的2017年退役，这是风力涡轮机由于应力疲劳而导致的典型寿命期限。从那以后，人们对海上风能的兴趣迅速增长。到2019年，全球风力发电总量已达到6500亿瓦，并以每年近10%的速度增长。其中大约300亿瓦来自海上风力发电，目前超过一半的增长来自中国。

由于受到自升式起重机最大规格的制约，海上风力涡轮机的最大打桩深度约为40米。这意味着在很长一段时间里，任何海图上40米海岸等高线之外的风力资源都是不可获取的。因此，到目前为止，大多数海上风力发电场都离海岸相对较近。北海（The North Sea）特别浅，是世界上最大的海上风力发电场所在地，于2020年建成。霍恩西一号（Hornsea One）位于约克郡海

岸 120 千米处，提供的能源
足够 100 万英国家庭使用。
它由 174 台 7 兆瓦的涡轮机
组成，立于 100 米高的塔上。
每个叶片扫过的面积比伦敦
眼还要大。虽然 7 兆瓦的涡

图 5-3　海上风力涡轮机

轮机很大，却只是目前大型涡轮机功率的一半左右。

　　浮动式风力涡轮机平台的前景让风能行业振奋不已，这可
能意味着风电场可以放置在 100~200 米的海洋深处。浮动涡轮
机极大地扩张了沿海风能的获取面积，在那里可以设立离岸风力
发电场。海上石油和天然气行业熟悉将浮动平台固定在海床的技
术，因此这些行业正越来越多地投资风能的开发。

提高效率

　　已经投入使用 20 年左右、目前仍在运行的风力涡轮机，其
运行过程中产生的温室气体与能量输出相比非常低。涡轮机的制
造和安装所需要的能量通常用 3~9 个月的发电量就能抵消。更

好的风力涡轮机、更高的轮毂高度、更长而轻的叶片和更大的横扫面积，都将使风能的利用效率更高、成本更便宜。陆上涡轮机的规格正在迅速增长——过去的 7 年里平均规格增长了一倍。风电场的容量系数与最大额定输出功率下的运行时间是成比例的。许多小型创新不断地改进风力发电场，到 2050 年，陆上风电场的容量系将从 35% 上升至 50% 左右；对于海上风电场容量系数而言，这一比例将从 43% 升至 60% 左右。

得益于叶片、转子、电机和变压器等众多设计和技术的改进，开发风能的成本在过去十年里下降了 1/3。陆上风力发电与天然气发电相比具有竞争力，而且在未来几十年里，陆上风力发电的成本还将进一步降低。海上风力发电的成本高于陆上。陆上风力发电成本的 2/3 来自涡轮机本身，而海上风力发电场的电网连接、土建工程以及增加的运营和维护成本约占总成本的 50%。风力发电的增长是受政府能源补贴（feed-in tariffs，即上网电价补贴政策）的推动，但越来越多的风力发电项目正在能源市场上与化石燃料的电力供应展开竞争。

世界上最大的涡轮机

西门子歌美飒（Siemens Gamesa）已经开始生产 14 兆瓦的 SG 14-222 DD 海上风力涡轮机，这是目前世界上容量最大的风力涡轮机，该公司计划在 2024 年开始大规模快速生产。该涡轮的叶片长 108 米，转子直径 222 米，横扫面积为 39000 平方米，输出功率高达 15 兆瓦。值得注意的是，使用这些设备的风电场所生产的能源比之前多出 25%。它是"1 级"风力涡轮机，设计用于在风力最大的条件下（平均风速 10 米 / 秒）继续运行。涡轮机的等级由三个参数决定：平均风速、50 年一遇的最大风速和湍流强度。湍流会磨损风力涡轮机的部件。SG 14-222DD 能够在其他涡轮机需要关闭的风速下运行；一台涡轮机每年生产的电力足以为大约 18000 个欧洲家庭提供电力。换句话说，一个转子上的叶片转一圈就可以为两个普通的英国家庭提供一天的电力。

　　自己养的猪不嫌臭（意为对风电场有所属权的公民更包容风电场的弊端）。

——丹麦风力农场的谚语

　　多年来，对风力发电行业的批评不绝于耳。一些国家的第一批风力发电场建在自然景观优美且所有权集中的地方，但这并没有减少批评的声音。在德国和丹麦，风力发电场属于各自的社区。当社区拥有了自己的风力发电场时，他们就不那么在意风力涡轮机带来的视觉干扰和噪声了。

风力发电的"成长烦恼"

　　收集和转换任何一种能量本身都需要能量。能量需要投入才能得到能量的回流，我们称之为能量投入率（energy invested ratio）。就风力发电场而言，钢塔、混凝土、叶片的制造和机舱内的电子设备都体现了投入的能量。随着风力涡轮机变得越来越大，并向海上转移，在风力涡轮机20年的生命周期中，能量投入率已经从21世纪初的20∶1左右下降到最近几年的15∶1。

　　风力发电行业的另一个问题是，该如何处理使用寿命耗尽的旧风力涡轮机部件，尤其是复合叶片。最早的一批风力涡轮机现已接近其退役年限，我们也开始考虑如何处理它们。为了在未来几十年内通过风能实现我们的气候目标，我们将需要每年更换相当于全球全部风力涡轮机库存数量的设备。这是在全球风力涡轮机库存增加的基础上实现的。目前，风力涡轮机叶片行业每年生产超过 8 万个叶片，使用超过 75 万吨的复合材料，占全球技术复合材料总产量的90%。到 21 世纪中叶，这一数字将增长 10 倍。

　　还有雨水的问题。夏季的一场暴雨会给涡轮叶片带来严重的问题，这些巨大而快速的雨滴会对叶片造成冲击。转子越大，叶片尖端的转速越高。20 世纪 90 年代，50 米长的转子叶片的叶尖速度通常为 65 米 / 秒。叶尖速度随着转子直径的增加而增加，因此对于 80 米长度的叶片来说，速度高于 70 米 / 秒；对于 100 米长度的叶片来说，速度高于 80 米 / 秒；对于 160 米长度的叶片来说，速度高于 90 米 / 秒。雨滴的能量冲击与叶尖速度的平方有关，因此，当叶片长度增加一倍，雨滴对叶片前缘的冲击也增加了一倍，这给叶片制造商的设计带来了新的挑战。

　　篡改能源统计数据，使当前可再生能源的贡献看起来微不足道是很简单的事情。当我们使用一次能源统计数据（见第9章）时，这一点尤其明显。可再生能源和风能在一次能源消耗总量中所占的比例可能会显得非常小（就像20世纪50年代的核能）。然而，未来主要的能源很明显是电力，而且这应该是我们用来衡量进步的标准。有一个数字应该会让我们感到震惊：目前风能发电量占全球发电量的6%，而这仅占我们迄今为止已开发的全球技术潜力的2%。漂浮式海上风力发电场绝不是风能的技术前沿，高空风力发电风筝和空中风力发电无人机正在研制中。

2020年，可再生能源在全球电力生产中所占的比例约为28%。根据各种的未来能源设想，到2040年，风能将贡献未来全球电力生产总量的1/3左右，约为8000太瓦时。为了实现这一目标，风能产业的规模应是目前的6~10倍，在保持10000吉瓦总装机容量的同时，每年再安装500吉瓦装机容量的设备。别忘了，这也意味着每年在增加500吉瓦装机容量的设备的同时，还要再额外更换500吉瓦装机容量的设备。这是很有难度的事情。

第6章

强大的植物和水

地球需要树木。如果大气中的确存在二氧化碳，那么地球上唯一能够在自然光合作用过程中为我们吸收二氧化碳的物种就是树木。

——旺加里·马塔伊（Wangari Maathai）

太阳给人类提供能量。我们以能在阳光下进行光合作用的植物为食，我们吃的动物也是如此。生物能源和水力是人类利用最久的两种可再生能源。

生物能源像树木一样古老。事实上，生物能源更古老。简单地说，生物能源就是从生物质能中获取和转化的能源。在可再生能源的世界中，生物质能意味着有机材料（包含碳和氢键的化合物）如木材和其他农业能源作物、农业和粮食系统的废弃物。

世界上所有的生物质能都在海平面上下大约 10 千米的生物圈中，圈层里面包含所有活着的和最近死去的动植物。估算生物圈中的生物质能类似于"有多少沙粒"的问题，很难量化。我们相当粗略地猜测，大约有 5500 亿吨碳分布在所有的"生命王国"中。

主要是在陆地上的植物，约4500亿吨碳，占了绝大多数。动物约占20亿吨碳，以海洋生物为主。细菌（约700亿吨碳）和古细菌（微生物，约70亿吨碳）主要分布在地下。

图 6-1　生物能源

在人类生物量增加的同时，野生哺乳动物的生物量却下降了7倍。牲畜的生物量（约1亿吨碳，主要是牛和猪）是80亿人总生物量（约0.06亿吨碳）的20倍左右，而人类的生物量是野生哺乳动物生物量（约0.007亿吨碳）的9倍左右。

大约21亿年前，细菌开始改变地球的大气层。具体来说，它们将氧气含量从几乎为零提高到现在的20%（按体积计算）。

细菌产生的氧气还形成了平流层臭氧，这对于保护地球免受高能紫外线辐射并使我们这样更复杂的动植物得以进化至关重要。

　　光合作用和植物推动着包括人类经济在内的一切发展。生物圈中只有一小部分生物质能——例如木材、秸秆和粪便——可供人类使用。从可再生能源的角度来看，生物质能是通过光合作用的过程不断补给生物圈中储存的化学能。在这个过程中，植物利用太阳能将二氧化碳和水转化为碳水化合物，同时释放氧气作为副产品。这是你从学校学到的著名的光合作用方程式。这个方程式展示了植物如何利用阳光将 6 个二氧化碳分子和水转化为 1 个植物糖分子和 6 个氧气分子：

$$6CO_2 + 6H_2O + \text{solar energy} \rightarrow C_6H_{12}O_6 + 6O_2$$

　　从这个方程式中，我们可以看出植物需要二氧化碳。植物、动物及其生态系统是自然碳循环的重要组成部分。的确，植物在保护我们免受人为气候变化最恶劣的影响方面发挥着重要作用。我们在第 3 章看到，自工业革命开始以来，我们排放的化石碳中有一半是由植物吸收的。事实上，如果没有植物，全球表面温度的上升速度将是现在的 2 倍甚至更多。

　　现代人类已经存在了大约 22 万年。在 99% 的时间里，我们依赖生物能源——主要是以食物、木材和动物粪便的形式。如果你知道全世界有 1/10 的人现在还在用明火做饭的话，你可能会大吃一惊。2018 年，有 28 亿人无法获得用于烹饪的清洁能源，他们依靠木材、煤炭、木炭或动物粪便来加热食物。在中低收入国家，利用木材燃料和牛粪等不可持续的生火方式，每年会造成 400 万人因家庭空气污染而死亡，其中的排放物与一系列心肺疾病和癌症有关。家庭空气污染中的一些颗粒物反过来也会导致气候变化。

仿生学有三种类型：第一种是复制形式和形状；第二种是复制一个过程，就像树叶的光合作用；第三种是在生态系统的层面上模仿，就像建造一个受自然启发的城市。

——珍妮·本尤斯（Janine Benyus）

联合国可持续发展目标 7

2015 年，联合国通过了一系列可持续发展目标（SDGs），呼吁各国采取行动，到 2030 年消除贫困、保护地球、确保所有人享有和平与繁荣。目标 7 是确保获得负担得起的、可靠的、可持续的现代能源。每个目标都有具体的相关指标。目标 7 指：

7.1 到 2030 年，确保全球所有人都能获得负担得起的、可靠的现代能源服务。

7.2 到 2030 年，大幅度提高可再生能源在全球能源结构中的比例。

7.3 到 2030 年，全球能效改善率提高一倍。

7.A 到 2030 年，加强国际合作，促进获得清洁能源研究和技术，包括可再生能源、能效，以及先进且更清洁的化石燃料技术，促进对能源基础设施和清洁能源技术的投资。

7.B 到 2030 年，增建基础设施并进行技术升级，以便根据发展中国家，特别是最不发达国家、小岛屿发展中国家和内陆发展中国家各自的支持方案，为所有人提供可持续的现代能源服务。

生物质能的世界

生物质能有多种形式——固体生物质能、液体生物质能、气体生物质能、传统生物质能和现代生物质能——并有很多不同的用途。准确恰当地描述可再生能源有多少来自生物质能是一件特别困难的事情。2018 年，我们全球能源消耗中约 10% 是生物质能（传统生物质能和现代生物质能）。这大约是我们 2018 年使用的所有可再生能源的 70%。全球终端能源需求中使用传统生物质能超过 6%，这是一个惊人的数字。现代生物质能对全球终端能源需求的贡献几乎是风能和太阳能光伏总和的 3 倍。生物质能主要用于取暖，尽管近年来它在电力和运输方面的应用迅速增长。

作为原料生产生物质能的生物质可分为初级生物质和次级生物质。初级生物质直接源于植物，包括：

- 含糖生物质：甘蔗、甜菜和高粱（甜）

- 淀粉生物质：小麦、玉米和木薯

- 纤维素生物质：芒属、柳枝稷、短轮伐期柳树、桉树海藻

- 木质生物质：木质燃料

- 油性生物质：油菜、大豆、棕榈油和麻风树

次级生物质来源包括：

- 砍伐树木产生的森林残留物制成的木屑

- 制浆造纸工业中的木材残留物

- 麦秸

- 甘蔗渣

- 稻壳

- 动物粪便

- 污水、污泥

- 城市固体废物

- 商业和工业生物质废物（如油、轮胎）

不同原料可以进行热处理或生化处理，以生产不同的能源和燃料。

相比之下，今天的工业圆木（原木）产量为 0.03 世界瓦，而全球主要作物（谷物、油料作物、糖料作物、块根块茎类和豆类）的收成约为 0.1 世界瓦。增加陆地生物质的市场潜力为 0.4 世界瓦。

到 2050 年全球陆地生物质供应的技术潜力	
生物量类别	2050 年的技术潜力（世界瓦）
农业废弃物	0~0.1
过剩农田上的生物质生产	0~1.2
边际农田上的生物质生产	0~0.2
森林生物质（原生木材和次生废弃物）	0~0.2
粪便	0~0.1
食物垃圾和废弃纸／木包装	0~0.1
总技术潜力	0.1~1.7
总市场潜力	0~0.7，最佳估计值为 0.4

　　一半以上的现代生物质能用于取暖，主要用于工业和农业；约 20% 用作运输燃料；10% 用于发电，这是其中增长最快的生物质能应用。生物热能也可以通过热电联产[1]来发电。生物质原料工业，如纸和纸板，食品行业和以木材为基础的工业，往往利用其废

---

1. 同时生产蒸汽和电力的先进能源利用形式。

弃物提供生物热能和电力。

现代生物质的主要活动领域包括生物质颗粒、液体生物燃料（乙醇、生物柴油）和沼气。在国际能源署的可持续发展方案中，到 2030 年，全球运输生物燃料产量将增加至 3 倍，达到每年 300 Mtoe（Millions of tonnes of oil equivalent，即百万吨油当量），用于发电的生物能源将增加一倍，从大约 600 太瓦时增加到 1200 太瓦时。

负排放技术

植物及其衍生物生长时会吸收二氧化碳。燃烧时会向大气中释放二氧化碳。如果植物燃烧产生的二氧化碳能够被捕集并封存在地下，那么基于生物质的能源生产就提供了降低大气中二氧化碳浓度的机会（负排放），这被称为生物质能碳捕集与封存（BECCS）。生物质能是唯一能提供这种前景的可再生能源：风力涡轮机和光伏发电场不能直接帮助捕集二氧化碳。2019 年底，美国伊利诺伊州的一家玉米乙醇工厂进行了一个大型二氧化碳捕集和地质封存项目。

使用植物油作为燃料在今天看来似乎是微不足道的，但这些产品最终会变得和今天的煤油和煤焦油产品一样重要。

——鲁道夫·狄赛尔（Rudolf Diesel）

争议和问题

在不与生产粮食的土地和水竞争、不造成负面的社会和经济影响的情况下，能生产多少额外的生物质是不确定的，而且极具争议。其中一个主要的问题是用于种植燃料作物的土地（例如，生产乙醇作为运输燃料的玉米）不能用于粮食生产。另一个问题是，一些初级或次级生物质来源通过转化获得的总净能量是有限的，甚至是负的。

一般来说，木本能源作物的燃料与能源的输入输出比约为 $10:1 \sim 20:1$，而谷物中的乙醇可低至 $1:1$。适当的生命周期评估是一项复杂的建模任务，可以从支持或反对生物质能的角度进行操作。它必须考虑不同的初级或次级生物质能来源、转换技术和终端能源使用，并考虑到基线中原料可能发生的情况。令人惊讶的是，一半的生物质能的使用仍然是采取在炉灶上燃烧木材和粪便的传统方式。尽管各国政府致力于提供现代的、更清洁的生物质能和电力，但对传统烹饪和取暖做法的设计和应用所做的任何短期改进都具有很高的成本效益。

水力发电

水是一种非同寻常的液体。长久以来，水独特的热力学性质在很大程度上塑造了我们所熟知和喜爱的地球气候系统。水善于储存热量，以液体形式转移热量，从一个地方获取热量并将其转移到另一个地方。这是地球热力学平衡循环中一个重要部分。

与地球表面的平均温度（大约15℃）相比，水的沸点（100℃）相对较高。也就是说，地球上的大多数水能够以液体的形式存在。因此，70%的地球表面被平均4000米深的水覆盖。水的比热容比大多数普通物质都要高——例如，它大约是土壤和岩石的比热容的3倍——这就是水在我们的气候系统中起着重要作用的原因。

水的"水性"在于液态分子间相对较强的氢键。水分子是相对聚合的——它们喜欢粘在一起。蒸发一定量的水所需的热量是将其达到沸点所需热量的 5 倍（在大气压下从 0℃ 升到 100℃）。你想一想，一锅水沸腾的速度比水吸收能量至蒸发要快，而水的黏度也相对较低，这意味着它很容易在海洋中自行组织暖流和冷流，将大量的能量输送到两极。

人们正从基于化石燃料的经济转向可再生经济，这就是所谓的"转型城镇"运动。英国有 300 个城镇正在进行这种转变，从太阳能、风能和水力中获取能量。

——萨提斯·库玛（Satish Kumar）

地球上每天约有 40 帕瓦的太阳通量用来驱动地球的水循环。这大约是地球上人类一次能源需求总量的 2100 倍。所有这些能量都被很好地利用，为水循环提供动力，将海洋和陆地中的水蒸发到大气中。在大气中，水以水蒸气的形式循环，然后凝结成云，以雨的形式降落。蒸发的水量（地球表面的平均值）为每年 1 米（约每天 3 毫米）。全球蒸发量的 85% 来自海洋。

蒸发与地表的净辐射有关，因此赤道和海洋上空的蒸发量较大。大约 80% 的水蒸气直接落回海洋，20% 落在陆地上。陆地上 60% 的降水被重新蒸发，约 10% 的降水流入海洋，约 30% 的降水流入河流。

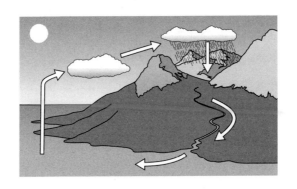

图 6-2　地球的水循环

水力发电是一项古老的能源技术，这项技术已成为全球电力生产的重要组成部分，并将一直持续到未来。水车可能是第一个非人类 / 非动物的动能转机械能的技术来源。最早的水车（有时称为希腊或挪威车轮）是相对低效的卧式水车。有一些证据表明，托勒密王朝亚历山大时期和罗马帝国时期都使用了立式水轮机。中世纪时期，水磨在欧洲迅速普及，用于研磨和机械动力。到 1086 年，《末日审判书》出版时，英格兰东南部已有 5000 多台水磨。

水力发电量可能有多少?

理论上我们可以快速估算出有多少水电可用。陆地径流和河流总流量约为每年 50000 立方千米，大陆的平均高度是海拔 850 米。这立刻给了我们一个关于所有这些雨水的全球势能数字：

势能 (J) ＝质量(kg) ×重力加速度(m/s^{-2}) ×高度(m)

＝ (50000 × 10^{12}) × (10) × (850)

＝ 425 × 10^{18} (J)

这大约是 0.8 世界瓦。然而，一旦将地理、农业和工程等实际因素考虑在内，实际上其中只有大约 10% 的能源是潜在可获取的。然而，水电能满足 8% 的全球能源总需求是极其重要的贡献。

水电已经是一些国家和地区的主要电力来源。2019 年，全球发电量中约 16% 是水力发电，是继煤炭(39%)和天然气(24%)之后的第三大电力来源。水力发电供应了挪威 95% 的电力，以及巴西、加拿大、南美洲和中美洲一半以上的电力。中国的水力发电量是排名第二的巴西的 3 倍以上。中国年发电量为 1270 太瓦时，相当于中美洲和南美洲或法国和德国的总发电量，仅次于印度目前的总发电量。

溪流、河流和湖泊有各种形状、大小以及不同的地理地形，因此不同的涡轮机技术已经发展到可以应用于不同的场景。水电工程师通常从两个方面来描述水电的世界：水压（与高度或"水头"成比例）和水流。高"水头"通常在 100 米以上，低"水头"在 10 米或以下。水头越高，相同功率输出所需的流量越小。水压每 10 米增加 1 个标准大气压。

要记住，利用瀑布获得的电能可能比燃料能源的效率高 50 倍。

——尼古拉·特斯拉（Nikola Tesla）

现代水轮机有两种基本的技术形式：通过改变水流方向将动能转化为机械能的冲击式水轮机和通过降低水压将动能转化为机械能的反作用式水轮机。冲击式水轮机的喷流撞击着装有桨叶和桶的轮子。轮子上面像有一百个冰激凌勺子勺面对勺背地排成一轮，然后勺子的一部分被切开以便让水流出。一股喷流冲击勺子的一侧，然后绕着勺子旋转，改变方向近180°，然后从勺子的切口部分离开。喷流推动轮子，没有明显的气压变化。斜击式水轮机是佩尔顿水轮机的变种，构造类似于某种化石贝壳生物。

图 6-3　冲击式水轮机

在反作用式水轮机中，水在压力下到达水轮机，被转轮叶片在较低的压力下沿水轮机轴线偏转出去。压降是能量传递的关键部分。其中一个例子是以英美土木工程师詹姆士·B. 弗朗西斯的名字命名的混流式水轮机，被应用在世界上大多数水电项目中。它们可以在从低水头到高水头的各种环境中运行。世界上最大的水电站——中国长江上的三峡大坝，使用 32 台 700 兆瓦的混流式水轮机，每台重达 6000 吨。螺旋桨也可用作水轮机，如用于潮汐拦河坝方案的轴流式水轮机。如果叶片的角度可以改变，则称为轴流转桨式水轮机。

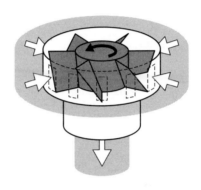

图 6-4　反作用式水轮机

可持续能源方案表明，到 2040 年，水电在总发电量中的比例可能会增加 50%，达到全球总发电量的 21%。

关于能源政策的争论常常迅速演变成简单化的利弊之争。我们看到几乎关于所有形式的能源（煤、石油、核能）都存在这样的争论，包括各种不同的可再生能源，生物质能和水电也不例外。并不是所有的土地都适合生产生物质能，但有些土地确实适合。并不是所有的河流都能可持续地筑坝，但我们可以努力实现。

水电和生物质能已经在全球能源生产中占据了相当大的比重。毫无疑问，对于某些国家和生态系统来说，水力发电和为能源生产而进行适当管理的生物质收获可以成为未来可持续的能源技术。

第 **7** 章

地底下的慷慨

朋友们,科学是建立在许多错误的基础上的,但是这些是值得我们去犯的错误,因为它们引导我们走向真理。

——儒勒·凡尔纳(Jules Verne)

《地心游记》(*Journey to the Centre of the Earth*)

地球 99 % 的地方温度超过 1000℃。事实上，地球是一个巨型的热电池。来自地心的 40 太瓦热通量中，大约一半是原始存在的，另一半是由于辐射能产生的。地球的原始地热能可以直接作为热源（比如希腊人和罗马人享受着他们的地热温泉），也可以产生蒸汽，驱动蒸汽涡轮发电机，取代天然气、煤炭、生物质或核电站。

1904 年 7 月 4 日，首座小型地热发电站在意大利的拉德瑞罗投入使用。当时，硼酸公司的负责人皮耶罗·吉诺里·孔蒂王子用一台与地热驱动的往复式蒸汽机相连的发电机成功点亮了 5 个灯泡。1 年后，他将发电量增加到 20 千瓦。到 1916 年，这台发电机将 2750 千瓦的电力输送到约 30 千米外的波马兰斯和沃尔泰拉两个城市。拉德瑞罗目前的地热发电量约占全球总地热发电量的 10%，足以为约 100 万户意大利家庭提供电力。

蒸汽和水的混合物驱动发电机或热交换器的能力取决于温度和压力，以及蒸汽的干湿度。就像因纽特人能区分不同种类的雪一样，一个优秀的蒸汽轮机工程师也能区分几种不同的蒸汽。

地热图

有一个误解是：在地表有间歇泉喷涌的地方一定有地热潜力。其实，有相当大的地热潜力静静地蕴藏在地球深处。

著名的地热发电国家都聚集在太平洋火山带周围。太平洋火山带是太平洋盆地中一个以活火山和休眠火山为特点的巨型环带。包括中国、美国、瑞典、法国、土耳其、日本、挪威和冰岛在内的许多国家和地区直接将地热用于区域供热和农业用途。

地热发电的技术潜力为 100~1100 艾焦 / 年（假设深度可达 3~10 千米），高达 2 世界瓦。直接热提取的范围为 10~312 艾焦 / 年，高达约 0.5 世界瓦。

正如我们在第 2 章中所见，从技术可行性来看，全球地热的潜力可能接近 1 世界瓦。这种热能是真正可再生的能源，因为它将长期由地球的自然热通量补充。在全球范围内，这些数字乍看起来似乎难以置信，但许多国家研究得出的结论认为，还有大量未开发的地热潜力。

目前，地热发电能力排名前十的国家是：美国、印度尼西亚、菲律宾、土耳其、新西兰、墨西哥、肯尼亚、意大利、冰岛和日本。

地球温度随深度而升高。在地表（地壳）附近，升温速率，或称地温梯度，为每千米 15℃ ~ 30℃。不同的岩石具有不同的电导率，这取决于它们的化学和物理成分以及它们的孔隙度。不同的区域有不同的导热系数，因此有不同的热梯度。地壳底部的温度约为 1000℃，而地核的温度则高达 6000℃。

地热将改变伊甸园、康沃尔和英国的游戏规则。

——蒂姆·斯米特爵士（Sir Tim Smit）

伊甸园计划的联合创始人

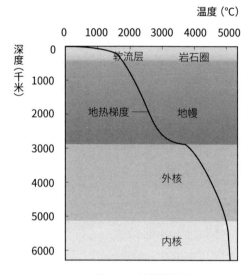

图 7-1 地温梯度图

　　地面顶部的 10~15 米被太阳辐射加热，在温带气候中作为
一个季节性波动的热量储存。热泵（冰箱的反向工作，通过从外
部收集热量并转存在内部）可以向地面传递热量或从地面向热泵
传递热量。它们可以连接到不同种类的热交换器，从浅的（1~2
米深）水平管网到更深的（通常可达 250 米深）钻孔管道。从技
术上讲，浅层地热热泵并不产生地热能，因为它们利用的是太阳
加热地表的热能。

　　地热能通常在 200~300 米的深度收集。深层地热井的正常使

用寿命约为 30 年，或者直到周围的岩石被注入井中以产生蒸汽的冷水冷却得温度过低为止。然而，如果把地热井放置 25~30 年，地热井就会再次升温。

石油公司通常钻到 5000 米，那里的温度达到 170℃，有些测试井深达 12 千米。由于高温，钻更深的井成为一个挑战。当温度超过 200℃时，塑料、电子和钢铁就会出现问题。随着新材料和精密工程的进步，地热行业希望在 10 年内克服 300℃的高温，以后可以克服 500℃的高温。

地热技术

发电需要中到高热量的地热田，目前有 5 种正在使用或正在开发的技术。

直接干蒸汽厂使用 150℃或更高温度的蒸汽场产生的低压大容量流体，其干燥度至少为 99.995%，以避免涡轮机或管道结垢和腐蚀。直接干蒸汽厂通常使用冷凝式涡轮机，其规格从 8 兆瓦到 140 兆瓦不等。

闪蒸厂使用温度超过 180℃的蒸汽，这种蒸汽是通过闪蒸分离过程获得的。这些都是如今正在运行中的最常见的地热发电厂类型。

双元地热厂使蒸汽从低温或中温地热田（100℃～170℃）进入热交换器，然后在一个闭环中加热一个过程流体。过程流体为氨和水的混合物或碳氢化合物，具有较低的沸点和冷凝点，与地热资源温度适配。

混合发电厂是独立的地热发电厂，具有额外的热源，例如，在过程中加入聚光太阳能发电厂的热量。额外的热量添加到地热卤水中，提高温度和功率输出。

增强型地热系统（EGS）是在有热岩但没有足够的自然渗透率或流体饱和度的地方建造的工程型水库。他们使用水力压裂技术使先前存在的裂缝重新打开，增强渗透性，使流体循环，并将热量输送到地表，然后产生电力。虽然先进的增强型地热系统技术还不成熟，仍然在开发中，但是增强型地热系统已经成功实现了在欧洲的试点规模。世界上最大的增强型地热系统项目是澳大利亚库珀盆地的一个25兆瓦的示范工厂，预估可能产生5000～10000兆瓦的电力。要实现全球地热技术潜力的最高估计值，将意味着开发大规模的增强型地热系统技术。与水力发电一样，地热发电项目也是资本密集型项目，但运营成本较低且可以预测。

在 0.5~4 千米深的井中高压下，处理热水、蒸汽和有毒气体会带来各种各样的物理和化学的问题。地热能尽管是可再生的，但也有环境上的问题。主要问题包括勘探和开发阶段的场地噪声和水污染、地面沉降、气体污染和诱发地震等。

联合国政府间气候变化专门委员会估计，与其他可再生能源相比，地热能源技术整个生命周期的二氧化碳当量排放是适当的。如果能够捕集和封存碳，增强型地热系统发电厂有望实现零碳排放。

海洋能

海洋蕴藏着未开发的巨大热能和动能，目前海洋上层正在吸收由人为气候变化造成的大部分额外升高的温度。

海洋吸收了来自热带强烈阳光带来的风能和热能。海洋能源的理论潜力很可能超过我们全球一次能源的使用量。它涵盖五种不同的技术：

- 波浪能转换器：把风能暂时转移和储存在海浪中，并通过蛇式或鸭式装置收集。

- 潮差方案：水通过涡轮机流动，从潮水的涨落中产生能量。

- 潮汐与洋流涡轮机：把螺旋桨放在海床上或悬浮在海面下，以利用潮流。例如，在英国海域，涡轮机时速可达 5~12 海里。

- 海洋热能转换器：利用了温暖的表层海水和较冷的深层海水之间的温度差。

- 盐度梯度装置：利用渗透力来制造盐电池。

海洋技术仍处于早期发展阶段。联合国政府间气候变化专采门委员会指出，海洋能源技术的理论潜力估计高达 7400 亿焦耳/年（约 15 世界瓦），尽管这一数据高度不确定，但可以肯定的是，与太阳能和风能相比，海洋能是相对未开发的能源，可以满足我们未来相当大的一部分能源需求。

波浪能

波浪能是一种集中和储存的太阳能，因为波浪是由风驱动的，而风又由阳光驱动。

波浪的功率与波高的平方成正比，所以 3 米波浪的功率是 1
米波浪功率的 9 倍。波浪功率是由波前每米的能量密度来衡量的。
波浪的能量大约 95％ 都包含在表层中，表层厚度是波长深度的
1/4。北大西洋的海浪能功率平均约为 60 千瓦 / 米，但在暴风雨
中可以达到 1700 千瓦 / 米。海洋将风能集中到波浪能中的能力
令人惊叹。1933 年 2 月 7 日，美国"拉马波号"油轮遭遇了太
平洋有史以来最高的凶猛海浪。海浪高达 34 米，换算成功率为 7.7
兆瓦 / 米！

对于长期的能源挑战，没有快速解决的办法。为了找到解
决方案，政府和行业可以从资源共享和加速成果转化中获益。

——安娜·布里托·埃梅洛（Ana Brito e Melo）

海洋能源系统执行秘书

波浪能转换器的形状和尺寸仍有很多——这足以表明一项
技术尚未成熟。波浪能转换器的第一项专利可以追溯到 1799 年，
由法国数学家、流体力学工程师皮埃尔 – 西蒙·吉拉德（Pierre

– simon Girard）在巴黎申请。1910 年，法国发明家博考斯－普拉克（Bochaux-Praceique）在波尔多附近的悬崖上挖了垂直钻孔来驱动涡轮机，为他的房子提供电力和照明。类似的岸基式振荡水柱波浪发电装置仍然是一个关键的发展领域。

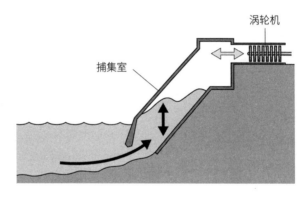

图 7-2　波浪能转换器

联合国政府间气候变化专门委员会估计波浪能的技术潜力为 115 艾焦／年或约 0.2 世界瓦。像风力发电一样，波浪能是间歇性的，因此不适合作为电力系统的基本负载。大部分波浪能资源位于纬度 30°～60° 之间。

目前约有 20 个兆瓦级的波浪能转换器，一些 10 兆瓦的波浪能转换器还在建设中。到 2040 年，第二代系统可达到 2～10 吉瓦的规模。到 2050 年,欧洲波浪能发电行业将供应欧洲能源的 10%(约190 千兆瓦)。

虽然波浪能对环境的影响可能小于其他形式的可再生能源,但是在高能海岸环境下工作的工程挑战,意味着波浪能仍然是一种非常高成本的可再生能源。

潮差和洋流

潮汐能是可预测的,因此它有可能成为基本负载电力的来源。联合国政府间气候变化专门委员会估计,世界上的理论潮汐发电潜力(潮差加洋流)在 3 太瓦范围内,其中 1 太瓦位于相对较浅的水域。然而,这一潜力只有一小部分可能得到开发。一项研究估计,全球 28 个最佳地点的潜力达 360 千兆瓦(约为三峡计划的 10 倍),虽然在全球范围内不算大,但对一些沿海地区可能是重大变革。目前,世界上 90% 的潮汐发电量由两个项目提供:法国 240 兆瓦的朗斯电站和韩国 254 兆瓦的始华电站。

潮汐坝对环境并非没有影响,特别是对沿海生态系统和生活环境,这可能是我们没有看到更大规模商业计划发展的原因之一。更具吸引力的是潮流涡轮机，因为它们更容易部署，对生态的影响也更小。

> 海洋本身提供了一种迄今为止几乎没有应用过的长期能源。每天两次的潮汐会增加大量的水，这些水可以用来驱动机械。
>
> ——查尔斯·巴贝奇（Charles Babbage）

全球洋流的总发电量小得惊人。据估计，这一数字仅为100吉瓦［占目前地球一次能源（共19000吉瓦）的极小部分］。一些主要的洋流，如巴哈马和佛罗里达之间的墨西哥湾流，产生了多达20吉瓦的电力（相当于20个核电站或一座三峡水电站）。

为了从潮流中提取能量，这些技术需要随着潮水的涨落而可变。如果水流是在河流或稳定的单向洋流中，那么这些技术在设计上可以更简单。

有三种主要类型的潮流、洋流和河流技术：

- 轴流式涡轮机（看起来像普通的螺旋桨风力涡轮机）。
- 横流式涡轮机（高大的垂直主轴）。
- 往复式装置（看起来有点像覆盖美国石油带的抽油机）。

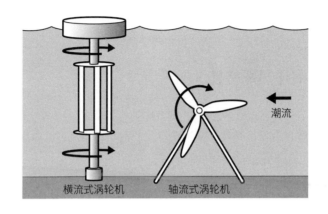

图 7-3　横流式涡轮机与轴流式涡轮机

　　涨潮功率 P 随水密度 ρ（千克 / 立方米）、流速 v（米 / 秒）和横截面面积 A（平方米）的计算公式为：$P = 0.5\,\rho\,Av^3$

　　对于流动的空气也是同样的公式（见第 5 章）。空气的密度约为 1.23 千克 / 立方米。相比之下，海水的密度值为 1025 千克 / 立方米。换句话说，在相同的流速下，每立方米的水提供的能量是空气的 837 倍。3 节的潮流和 29 节的稳定气流具有相同的能量密度。3 节（速度单位）的潮流在英国水域是相当常见的，那里的海流可以达到 12 节。平均风速为 140 节，相当于萨菲尔 - 辛普森飓风等级中的 4 级灾难性飓风，与 12 节潮流功率密度相匹配。

海洋热能转换

哪里有温度梯度，哪里就有热的流动。热流可以做有用的工作。地球热带海洋的海面温度可超过 25℃，海面以下 1 千米的温度在 5℃～10℃之间。20℃的温差足以驱动一台由海水或氨或两者的混合物驱动的蒸汽涡轮机。温暖的海水用来产生蒸汽，这种蒸汽作为工作流体推动涡轮机。虽然人们对海洋热能转换的兴趣早在 19 世纪 80 年代就开始了，但第一个海洋热能转化厂是1930 年由法国工业家和发明家乔治·克劳德（Georges Claude）在古巴建造的，他也被称为法国的爱迪生。在被风暴摧毁之前，它的发电量高达 22 千瓦。

一些海洋热能转化厂项目已经建成或正在筹备中。迄今为止最大的海洋热能转化厂是位于夏威夷的一座 1 兆瓦的发电厂，现已停产。在美国、中国和马提尼克岛，有一些 10 兆瓦的发电厂正在建设。该技术在所有海洋能源预估技术潜力中占据最大比例，尽管它是所有海洋技术中最不成熟的一项。

海洋探索的新时代可以带来新的发现，这些发现将帮助我们了解从关键的医学进步到可持续的能源形式的一切。

——小菲利普·库斯托

海洋学家和活动家

海洋盐差能

在淡水和咸水都有现成供应的地方，例如在河口，有一些令人激动且迅速发展的技术可以利用这两种水源之间的化学潜力。通过渗透作用将淡水和海水混合在半透膜上，以热量的形式释放能量，这些能量可以以压力的形式捕集，然后转化为有用的能量形式。在全球任何有河流入海口的地方就可以产生海洋盐差能。

盐度梯度发电的潜力是相当大的。1立方米淡水与1立方米的海水释放的能量相当于从8米高的地方落下2立方米的海水。使用饱和盐水（如废水处理厂或海水淡化厂）可以释放高达10倍的能量。在一对离子交换膜之间加入盐水，膜的另一侧是淡水，盐离子就会从盐水中扩散到淡水中。正离子通过一层膜扩散，负离子则通过另一层膜，这就像电池一样产生了正负电极。

　　联合国政府间气候变化专门委员会估计海洋盐差能的技术潜力为1650太瓦时/年（6艾焦/年）。据国际可再生能源机构估计，全球盐度梯度发电的总技术潜力约为647吉瓦，占2018年电力消耗的19%。尽管该技术在实验室中取得了一些进展，但目前还没有大规模的示范项目。

　　地热和海洋能源技术都需要在今后几十年里进行大量投资，才能实现其潜力。乍看之下，这两种资源似乎都是在极端的环境下采集的，但值得注意的是，煤炭、石油和天然气的勘探和开采也存在同样极端和相似的环境。世界上对可再生能源的大部分投资都集中在太阳能和风能上，但是在创造性更多和研究开发资金相对较少的情况下，地热和海洋资源可能在未来的可持续能源经济中占据相当大的比重。

第 **8** 章

通电的乌托邦

你永远无法通过对抗眼前的现实来做出改变。
要改变,就需要淘汰现有的模式,创建一个新的模式。

—— 巴克明斯特·富勒(Buckminster Fuller)

电就是未来。要记住，这一观点在今天依然适用，就像 18
世纪和 19 世纪的先驱者富兰克林、法拉第、特斯拉和爱迪生所
认为的那样。我们的乌托邦梦想是以电驱动的：智能化的住宅和
城市、电动汽车、电动飞机，甚至是电动轮船。社会在向可再生
能源驱动的电力未来过渡时，也迎来了一些工程上和经济上的特
殊挑战。

电是现代社会的命脉。150 年来，输配电网络的发展是缓慢
而渐进的，而这一切即将改变。在许多国家，即使是在煤炭、石
油和天然气的价格低于历史标准的时候，风力发电和太阳能光伏
发电也已经具备了与化石燃料竞争的能力。为了遵守《巴黎协定》
关于气候变化的承诺，监管机构也在关注电网的脱碳问题。

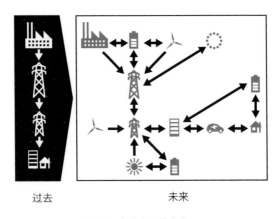

过去   未来

图 8-1　全球电网的变化

　　这一切都对我们管理电网的供需空间、时间和地理环境提出了新的挑战。即使全球未来的电力需求总量没有发生太大变化，仅在应对电网中增加诸多可再生能源就会是一个巨大的工程挑战。然而，我们预计未来 30 年的用电量将大幅增加，这将带来双重挑战。最重要的是，地球上近 10 亿最贫穷的人仍然没有接触到任何形式的电网。可以肯定地说，随着我们的电网朝着更具可再生性、多样性、分散性、灵活性和互动性的方向发展，电网将会发生巨大的改变。

电就是力量

　　世界上第一个电网是用来为街道照明供电的。在大多数现代国家中，如今的电网几乎为我们生活中的烹饪、取暖、制冷、互联网等方方面面提供了电力。

　　1882 年 1 月 12 日，也就是白炽灯发明的 3 年后，世界上第一个商用燃煤发电站投入使用。它被称为爱迪生电灯站，位于伦敦霍尔本高架桥 57 号，为 968 盏电灯供电。同年 9 月，爱迪生在纽约珍珠街站建立了第二个发电站。他使用的是直流电，为了避免大量的电力损失，他的发电站必须要靠近客户。他的竞争对手乔治·威斯汀豪斯（George Westinghouse）主张使用交流电，交流电可以传输到更远的地方，损耗也更小，但使用交流电的复杂性在于需要确保不同的发电站准确及时地运行在电网上，以避免损坏。交流电系统取得了胜利，并仍然主导着当今世界主要的输配电网。

　　随着全球技术革命的发展，霍尔本的发电站很快蒙受了巨大的经济损失，于 1886 年 9 月关闭，随后电灯又被换回了煤气灯。撇开这些小插曲不谈，无数小规模的电网迅速建立起来，使电力成为工业社会现代化的命脉。

随着强大的电力而来的还有高昂的电费账单。

——佚名

　　电的发现对世界经济和文化产生的历史影响怎么夸张都不为过。例如，1893 年在芝加哥的哥伦比亚世界博览会上，电力就成了焦点。短短 30 年后，3/4 的美国家庭实现了电气化。电的力量是不可抗拒且令人沉醉的。它在使用的时候是如此干净：无烟、无火、无尘，只有可爱且明亮的灯光。人们对于用电子设备取代家庭、办公室和工业中的体力劳动的想法层出不穷。到 1933 年芝加哥世界博览会时，电力已经成为现代化的象征。它带来了一个用充足、廉价、清洁的能源来增强社会能力、不再有大量日常的辛苦劳动的乌托邦愿景。

　　20 世纪的电力转化在很大程度上依赖于化石燃料的燃烧热。1900 年，全世界消耗的化石燃料中只有不到 1% 转化为电力。如今，有 64% 的煤炭和 40% 的天然气用于为我们的电网供电。

　　就像早期的城市燃气网络（以及我们现在的城市互联网供

应商）一样，很多家公司竞相用自家的电网提供电力。然而，这意味着发电资产和电线线路的重复以及成本的增加。分散的私营电网络导致的混乱、争吵和欺诈，使它们最终让位于国家监管的电力垄断企业。电气化经济具有极高的资本密集性，导致世界各国政府宣布电力是一种自然垄断产品，因此需要受到监管。电力公司应运而生，并由此奠定了 20 世纪集中型电力系统的根基。这几乎都是我们现在仍然使用的系统。它们的特点是作为大型、可靠的核电站和化石燃料电站，通过无源分配网络向无功用户输送电力。

电网建设以及管理的物理性质自早期以来一直保持着明显的稳定性。现代电力系统将非常强大的高压电源——如核电站或大型燃气发电站——与电网相结合。我们可以把电网视为一个由主要的高速公路组成的网络，将连接主要用户（如医院和工厂）的较小的主干配电网和用于低压配电网的小规模、小功率的供电电源（如风力发电场、太阳能发电场和电池储能系统）以及连接各个家庭的小支路相连。

众所周知，预测未来的电力供需是极其困难的。大多数国家和国际组织现在都在考虑未来能源和电力的替代方案。通常有一个当前趋势保持下去的基准方案，以及一个满足全球可持续能源系统需求的方案，后者通常与《巴黎协定》和联合国可持续发展目标设定的 2℃ 上限有关。

全球电力供应（以来源划分）		
来源	2018 年	2040 年
煤炭	38%	5%
石油	3%	1%
天然气	23%	14%
核能	10%	12%
水电	16%	17%
风能和太阳能	7%	41%
其他可再生能源	3%	10%
所有可再生能源小计	26%	68%
总计	100%	100%

　　国际能源署的《2040 年可持续发展方案》就设计了这样一幅未来图景。报告显示，到 2040 年，全球电力需求将增长 45%，从 27 太瓦时增加到 39 太瓦时。你可能会认为，这并不是一个夸张的预测。然而，进一步研究发现，可再生能源占全球电力的比例将从 2018 年的 26% 上升到 2040 年的 68%。如果你从

事电力行业，那么这确实是个大新闻。如果你从事可再生能源行业，那么这将是一个极其振奋人心的消息。

去中心化、脱碳和数字化

英国国家电网公司从三个"d"的角度谈论了未来的电网：去中心化(decentralized)、脱碳(decarbonized)和数字化(digitized)。电力的格局正在改变。在供应方面，人们越来越关注风能和太阳能。在需求方面，人们越来越关注电力的新需求，如电动汽车，以及建筑、工厂和汽车充电器响应电网需求、使用智能电表自动调控和开关的可能性。

我们的全球电力网络已经摇摇欲坠。即使是像欧洲和北美这样电力发达的地区，也经常面临供需失衡的切实风险，停电确实会发生。许多发展中国家的电网状况要糟糕得多，电力网络不完善、不发达甚至不存在。联合国的可持续发展目标7（见第6章）旨在到2030年为地球上剩余的8亿人接入电网。政客们婉言表示关心"让灯亮着"这一问题，但事实上，事情要严重得多。我们的生活方式与电力交织在一起：电力为互联网提供动力，互联网反过来又为经济提供动力。与此同时，互联网正越来越多地为智能电力系统提供动力。你可以看出这里面的问题吧！

有可再生能源电力输入的电网必须在设计、建造和运营时，考虑到随时应对电网供需不平衡或潜在失配带来的较大波动。尽管这些传统能源也会导致意外断电，但是风能和太阳能的意外比天然气或核能更难预测。

新技术、新商业模式和新收费结构都是快速发展的电力格局的一部分。可再生能源成本的下降是向低碳电网转型的关键驱动因素。在许多国家，为了应对不断增长的需求以及老旧的化石燃料发电厂或核电站的退役，可再生能源（风能和太阳能）是额外提高发电侧供应能力的最廉价的选择。在过去的 10 年里，海陆风力发电以及太阳能光伏发电的成本一直在迅速下降。现在，可再生能源的成本已经比新的化石燃料发电厂更低了。

供给和需求

电力系统向用户提供电力。家庭以千瓦为单位测算功率，组织通常以兆瓦为单位测算功率，而国家则以吉瓦为单位测算功率。功率是能量输送的速率，在电力系统中，最大的功率是系统容量。一座核电站的装机容量约为 1.5 吉瓦，一座大型现代风力涡轮机的装机容量为 8 兆瓦，一块光伏板的装机容量约为 0.25 千瓦。电力系统输送的能量是功率值（千瓦、兆瓦、吉瓦）乘以输送时间（小时）。因此，输送给客户的电量以千瓦时、兆瓦时或吉瓦时计量。电力系统的负荷是电网中所有用户对电网能量需求的速率。负荷可以在瞬间（例如圣诞节中午）测量，也可以根据几周或几个月的平均值进行测量。电力是由电网供应侧中多种不同能源产生的。电网上的用户通过改变技术或行为所节省的电力资源，我们称之为需求侧资源。能源效率（例如 LED 灯泡）、电池系统、智能电表和智能设备都是需求侧资源。

第二个关键驱动因素是《巴黎协定》，该协定将全球变暖幅度限制在远低于工业化前水平的2℃以内。世界各地的政府已经下令实施各种脱碳计划以期在21世纪中叶实现净零碳排放。例如，中国已经宣布到2060年实现碳中和的计划。鉴于目前中国是世界上最大的二氧化碳排放国，而且经济迅速发展，电力消费每年增长8%，中国的碳中和计划具有惊人的前景。其中的秘密在于，尽管中国使用了大量的煤炭，但它也是水电、风力涡轮机和太阳能光伏板等可再生能源技术的巨大用户和制造商。中国的能源未来（以及我们的能源未来）很大程度上掌握在自己的手中。

第三个关键驱动因素是全球范围内从内燃机汽车向纯电动汽车的转变。世界上数十个国家和主要城市已宣布逐步淘汰并禁止内燃机汽车，以支持电动汽车。在未来，数以百万计的电动汽车将需要使用电网充电。这对于管理电网负荷来讲既是挑战也是机遇。中国的纯电动汽车和混合动力汽车的存量接近世界的一半（在总量为720万辆汽车中约有330万辆）。尽管电动汽车目前仅占全球汽车存量的1%左右，但它们正以每年40%的惊人速度迅猛地增长。到2030年，全球电动汽车存量（不包括两轮和三轮汽车）预计将达到2.5亿辆。

除了在运输部门的脱碳方面发挥关键作用外，电力还将通过使用空气源热泵、地源热泵和直流电加热来帮助管理电网负荷的方式，协助相当大一部分供暖和制冷部门脱碳。

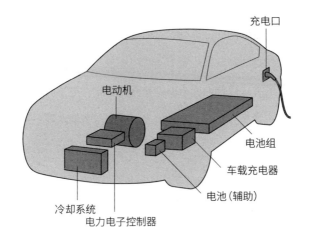

充电口

电动机

电池组

车载充电器

电池（辅助）

冷却系统

电力电子控制器

图 8-2 电动汽车

兼顾各方

在未来，电网需要更加积极地对气候、用户和新技术（如电动汽车、蓄电蓄热设备）做出响应。电网必须应对所有极端情况，如在极冷、多云、无风的冬季出现的需求高峰，以及在多风的晴天出现的需求低峰。电网必须做好准备，以应对不断变化的每日负荷曲线、更大的整体流量以及各地区和国家间联络线路的峰值流量的极端情况。

一系列供给和需求方面的措施将帮助我们管理电网体系。能源设备是物联网的一部分，它们嵌入了可以在互联网上自主交换数据的传感器和软件。更多的智能电表和传感器将改变家庭和组织用电的方式以及与网络系统交互的方式。更多的家庭、企业和工业电力消费者将成为能源供应商或生产型消费者，他们通过安装自己的太阳能光伏、风电场或电池组来生产并消费能源。

超级电网和微型电网

超级电网（Supergrids）是覆盖大块区域的高压输电网络。超级电网是沙漠技术计划（Desertec）的一部分，利用北非的部分沙漠来满足欧洲的大部分电力需求。超级电网可以帮助跨越几千千米的大陆地区利用大陆规模的天气系统。北半球的低气压直径一般约 500~1000 千米，两天左右就会过去。超级电网将使用低损耗高压直流电（HVDC）输电线将大量电力远距离分流（损耗率低至每

1000千米2%）。当然，就像现在的电力互联设备和天然气网一样，超级电网还有一些政治方面的问题需要克服。

在电网规模上与超级电网相对的是微型电网（microgrids）。这是拥有分布式发电资产（风力发电场、太阳能发电场、天然气发电站）的用户群（负荷），它们作为一个独立的实体进行管理，能够与宏观电网断开连接，也是未来电网管理的关键工具。在需要平衡整个系统时，网络树的各分支可以安全地切断连接再重新接通。

储存电力

随着可变可再生电力供应量的增加，储电能力作为整个网络管理的一部分变得更加重要。

化学电池的成本很高。大量的研发资金投入到锂离子（lithium-ion）电池技术中，并取得了一些惊人的成果。然而，迄今为止，世界上最常见的大规模电力存储技术——抽水蓄能发电——已经使用了几十年，占全球已安装电网储能的96%。在用电需求低的时候，把水抽到山上存储，然后在用电需求高的时候释放出来为涡轮机供电。这是一种相对廉价但效率极高的电力储存形式（整个循环的能源效率约为90%）。少数集中式太阳能发电厂可以储存热能来预备发电，也有一些飞轮储能项目（全球储能约为1吉瓦），以及一些重力压缩空气储能系统。在未来，停放一晚的新型电动汽车车队可能成为另一种大规模的电力储存和供应来源。

以绿色氢气的形式储存风能和太阳能

储存电子不仅复杂而且昂贵，而将它们先转化成氢气再储存起来可能是一个成本更低的选择。可再生能源的未来是利用太阳能和风能大规模生产氢气，并通过管道储存和传输，而不是通过电缆传输电子。大规模储存氢气将有助于平衡未来能源需求与太阳能和风能的变动供给。国际能源署发布的《2040年可持续发展方案》预计，到2040年，氢气消费将从2018年接近零消费增加到相当于2018年全球水电产量的15%左右。虽然这可能只是能源消耗总量的一小部分，但预计在21世纪中叶后，氢气的消费量将迅速增加。

长期以来，氢气在交通运输领域一直被吹捧为内燃机的替代品，例如，以氢燃料电池的形式。虽然现状还没有改变，但这再次激起了人们在工业、生活能源和发电等其他领域使用氢气的兴趣。

有几种工业方法可以制造氢气，但是只有一种方法可以在制造氢气的同时，不产生二氧化碳这一副产品，我们称这种方法为"绿色氢气"，用于区别"蓝色氢气"（由天然气制成，具有碳捕集与封存功能）和"灰色氢气"（由天然气制成，同时会将二氧化碳释放到大气中）。绿色氢气的制造原理是利用可再生电力将水电解成氢气和氧气。

可再生氢能源将在能源转型的下一阶段发挥重要作用。

——伊莎贝拉·高珊（Isabelle Kocher）

在某些情况下，我们现有的化石燃料基础设施可用于向可持续能源过渡。氢气以高达 20% 的比例（按体积计算）与天然气混合，只需对电网基础设施或家庭终端用户设备进行最小的修改，就可以通过现有的天然气分配网络输送。然而，要注意的是，你的烹饪火焰可能会变色。在欧洲，有一些项目正在探索如何将德国北海风力发电场产生的氢气储存在那里的气田中。

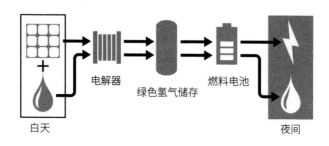

电解器　　绿色氢气储存　　燃料电池

白天　　　　　　　　　　　　　　　　　夜间

图 8-3　绿色氢气储存基本原理

我们的电网面临的麻烦不止一个。迫在眉睫的停电、气候变化、可再生能源和电动汽车以及智能电网的可变性，形成了风险和机会并存的管理局面。它们需要真正的历史性投资和创新，才能应对这些挑战。

当能源价格便宜的时候，我们就像没有明天一样浪费能源。想出减少能源使用的聪明方法当然比继续浪费资源要困难得多。当能源价格上涨时，我们必然会对创新思维更感兴趣。对于我们可再生的未来，最重要的一课就是学会如何停止浪费能源。我们最宝贵但却被遗忘的"可再生能源"就是"节约能源"和"提高能效"。

我们可以告别化石燃料的时代吗？电最终会取代火吗？答案可能决定我们人类在地球上的未来。

——沃尔特·帕特森

《电与火》（*Electricity Vs Fire*）

第 **9** 章

负能量即正能量

每一项节能行动……都不仅仅是常识：我告诉你，这是一种爱国行为。

——吉米·卡特（Jimmy Carter）
美国第 39 任总统

　　我们每天浪费的能源可以再额外为两颗行星供电：一颗行星用发电站造成浪费的能源，另一颗行星用我们交通系统、建筑和电器的不当设计造成浪费的能源。这三颗行星的举例令人难忘，但如果说和现实有什么不同的话，那就是它低估了我们能源系统目前浪费的真正规模。在前面的章节中已经知道，我们可以测量能源的数量和质量（做有用功的潜在㶲）。聪明的设计工程师会测算㶲。所以，如果我们戴上一副㶲值测算镜，会算出全球能源系统中的浪费接近 90%。

　　想想我们花费的数百万亿美元，我们发动的战争，我们排放的数十亿吨二氧化碳，以及我们全球能源供应系统——煤矿、油田和天然气田、管道、发电站和电网等——对环境造成的无数影响。

现在想想我们浪费能量流以满足需求而设计的机械、建筑、工业、城市和交通系统。我们已经建立了一个以某种方式浪费 90% 能量的热力学势的能源供需系统。通过㶲值测算镜的测算来看，我们这个物种看起来并没有那么聪明。

如果没有采集和使用能源的负面影响，或者没有经济学家说的"外部效应"，能源浪费就不会那么重要了。只要我们生活在一个充满着神奇且富裕、物美且价廉的能源世界里，谁还会在乎浪费呢？一些科学家继续为这一天而努力。但是，在这一天到来之前，所有的能源供应来源，包括可再生能源，都存在严重的外部效应，所以减少能源浪费的确很重要。

低碳，低能量，高可再生

我们大多数人都知道这样一个理念：如果我们想避免全球变暖达到危险的水平，我们就需要在 21 世纪中叶过渡到低碳或零碳经济模式。我们可能不知道的是，实现零碳经济的唯一的真正途径是从根本上增加我们对可再生能源供应的依赖，同时减少我们浪费的能源。

我们还需要停止浪费化石燃料。如果我们要保持全球平均气温的上升幅度在《巴黎协定》规定的2℃以下，以我们目前的消耗速度，我们可以使用化石燃料的时间大约还有10年。然而，我们需要停止所有形式的能源浪费，包括清洁的可再生能源的热量和电力。我们越早减少对能源的总需求，可再生能源就能越早为我们的零碳经济提供100%的能源。科学家们或许还能发明出便宜到无法计算的安全电力和热量来源，但在那奇妙的一天到来之前，我们将需要管理全球能源需求和消费，以便我们的可再生能源系统能够应对。

我们正争分夺秒地降低成本，如果我们扩大可再生能源和提高能效的速度不够快，就不得不面对更高的成本。

——戴夫·艾略特

英国开放大学技术政策教授

节能，就是一种燃料，就是一种能源。负能量也可以是正能量。在1973~1974年石油危机后的10年里，石油输出国组织（OPEC）几乎在一夜之间将油价翻了两番，全球对节能和能效的兴趣激增。

减少石油进口成为世界上许多石油进口国的首要任务。在随后的几十年里，石油价格回落，供应增加，人们对能源安全的担忧逐渐减少了。我们不知道的是，虽然我们不会很快地耗尽化石燃料，但是我们排放的二氧化碳已经使大气层的情况不容乐观。那么，我们怎样才能从根本上减少能源消耗呢？

虚构的能源

减少能源消耗最简单的方法之一是让我们的国际企业、组织和政府在能源报告上少做文章。近60年来，化石燃料公司、国家公用事业单位以及国家和国际统计机构一直致力于收集和分享统计数据，而这些统计数据中有一部分完全基于虚构的能源来源和能源形式。

众所周知，"一次能源"的概念衡量的是人类在提炼自然能源之前对经济中"原始"自然能源的投入。它已成为国家和全球能源依赖、能源效率、能源期货分析趋势的关键绩效指标之一。在核算一次能源的过程中，核电厂的1个单位电力通常在资产负债表上被记为3个单位的一次能源。人们推测核电的能源数据来自燃煤发电站。一些统计资料对于可再生电力采用了类似的推测因素,另一些则没有。随着全球从化石燃料发电转向现代可再生能源发电,由编造的一次能源数据堆砌出的虚构世界,不单纯是我们定义和解释能源所使用的统计或哲学方式上的差异。虚假的数据阻碍了选民、政策分析师和决策者对能源消费和趋势的真实情况的了解。它混淆了现实,迎合了化石燃料行业和认为可持续能源的未来太难实现、太激进、太冒险、成本太昂贵的人。

许多未来能源方案仍然使用一次能源作为主要衡量标准,尽管在任何低碳的未来方案里,潜在能源衡算中原始资源(raw resources)的虚构元素开始显著增加。例如,壳牌公司就因其在能源期货方面出色且有条不紊的工作而闻名,并定期发布一套未来能源方案。它发布的低能量、高效能、高可再生的"天空情景",以控制全球平均温度升幅低于2℃。

如果我们使用不同的核算方法来研究壳牌公司"天空情景"下 21 世纪的一次能源需求,我们将发现 2100 年的能源消耗分别为每年 850 艾焦、每年 1050 艾焦或 1400 艾焦。这三个数字描述了完全相同的未来——它们只是使用了不同的核算方法。但我们真正面对的任务是什么? 到 2100 年,我们每年需要的可再生能源是 850 艾焦还是 1400 艾焦呢？值得庆幸的是，联合国政府间气候变化专门委员会或许是业界最可信的权威机构，它使用了最精确的物理方法，建议我们以挑战性小得多的 850 艾焦为目标。在迈向一个零碳、100% 可再生能源的未来之旅中，我们必须确保遵循生产、传输和使用的直接能源的物理性质。

能源投资回报

可再生能源有时被指责弊大于利。一些持怀疑态度的人认为某些可再生能源技术在建造和运行过程中消耗了太多的能源，与它们在整个生命周期中采集的能源相比，可能并不值得。热力学第二定律告诉我们，采集、集中并将能量从一种形式转化为另一种形式需要功和力，因此我们总是需要消耗能量来收集能量，但并不是所有的能源都能轻易获取。如前所述，采集到的能源除以为此所投入的能源的比率称为能源投资回报率（EROEI）。理想情况下，我们希望能源投资回报率数值较大，因为我们不想花大量金钱、时间和实际的物理能源去收集能源。

"易获得的"石油和天然气大部分已经枯竭，其具有非常高的能源投资回报率，超过100%。随着石油和天然气的勘探向离岸更远和更深的方向发展，能源投资回报率也在迅速下降。例如，与从地下开采沙特阿拉伯的低硫原油相比，提取和清理油砂和油页岩需要耗费大量能源。虽然现在地下还有很多煤，但通常很难获得，而且有时质量很差。煤、石油和天然气的能源投资回报率可能远低于10%。集中式太阳能、潮汐能、波浪能和核能都可能低于10%。大型水电项目可以高达200%。最近的学术论文表明，目前风能和太阳能光伏的能源投资回报率普遍较高（≥10%），且还在增加，而一些生物质能转换过程，如加热技术、乙醇以及生物柴油燃料的能源投资回报率却很低。

　　确保我们投资的能源获得足够的回报当然是明智的。能源投资回报不仅仅与能源有关，还关乎减少气候风险、能源多样性、能源恢复能力以及经济和社会效益。从全球来看，世界仍依赖化石燃料。如果我们立即完全停用化石燃料，将会影响到我们建立可再生能源技术系统的能力。我们必须利用我们剩下的化石燃料预算（将温度升幅控制在2℃以下）来建立更智能、更高效的建筑、工厂和交通系统，以实现低能量、高可再生能源的未来。只要我们减少了能源的浪费，增加了可再生能源的生产，我们最终将迎来完全依赖可再生能源维护和更换能源系统的未来。我们越早停止浪费能源并有效地使用剩余的化石燃料能源，世界几乎完全使用可再生能源的那一天就会越早到来。

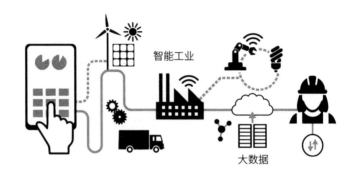

图 9-1　高能源投资回报率的系统

能源强度

早期狩猎采集者在饮食中每年的食物和燃料消耗约为 6 吉焦 / 人。按总人口平均计算，现在我们每人每年消耗 77 吉焦，不过各国之间存在很大的差异。中国和英国公民的平均消耗量约为 100 吉焦，美国公民消耗近 300 吉焦。卡塔尔公民消耗 650 吉焦，排名第一的是冰岛，该国公民平均每年消耗量达到惊人的 720 吉焦。每个国家与能源消耗都有着特殊的关联，这取决于许多因素，包括气候、发展历史和当地可用的能源资源。卡塔尔是一个主要的石油和天然气出口国，向其公民提供廉价的能源。冰岛则拥有大量的可再生地热能。

好消息是，后工业化国家的能源生产率逐年稳步提高，这似乎是一个普遍的事实。换句话说，它们的经济增长速度快于它们消耗的能源总量。随着工业革命的发展，我们越来越精通技术，能够用同等数量的燃料做更多的工作。美国的能源消耗高峰是在 20 世纪 20 年代，中国是在 20 世纪 70 年代，俄罗斯是在 20 世纪 90 年代，印度是在 21 世纪初。当经济学家比较一个经济体一年使用的能源总量，并将其除以用国内生产总值衡量的经济产出总量时，他们称其为一个经济体的"能源强度"。

自 1990 年以来，全球国内生产总值增长了 1 倍多，而一次能源供应总量增长了 60%。这是因为技术会随着时间的推移变得越来越先进。LED 照明也许是最近最引人注目的例子。与之前的紧凑型荧光灯和白炽灯相比，LED 能以更低的功耗产生相同的流明。在某种程度上，能源效率的提高是因为世界上许多地方的政府都出台了能源效率政策和法规。当能源建模者构建未来情景时，他们建立了未来会变得更好的预期。他们称之为"自发能效改善"因素。

　　我们必须尽一切努力节约能源，专注利用各种能源来满足我们的能源需求。

　　　　　　　　　　　　　——安格拉·默克尔（Angela Merkel）

　　　　　　　　　　　　　德国前总理

　　如果全球能源强度没有下降，我们的能源消耗量将是目前的 2~3 倍。我们必须更好、更快地提高能源效率。能源效率政策或法规仅能影响 1/3 的世界终端能源消费，对剩余的 2/3 则力有不逮。

　　全世界的人不会同时购买新车或洗衣机，我们也不会一夜之间拆掉旧建筑，再用节能的现代建筑取而代之。新的电器、汽车、建筑、机器正在慢慢取代现有的东西。任何新的突破性高效技术的效果都会被现有的商品库存所淡化。例如，近年来美国的能源强度以每年 3% 的平均速度下降，在某种程度上是因为新设备和新技术的能效以每年 5% 的速度提高。为了实现低能量、低碳、高可再生能源的未来，我们需要一些更激进的技术，或许更重要的是有一些更激进的想法。好消息是，我们能做的还有很多。

负兆瓦

"负兆瓦"这个词是由落基山研究所的联合创始人兼首席科学家埃默里·洛文斯创造的。他是世界上最知名、最受尊敬的能源分析师之一。可以说，在减少全球能源需求和石油依赖方面，他做的事情比任何人都多。

> 面对现实吧，最便宜的能源是你一开始就不用的能源。
>
> ——谢丽尔·克劳（Sheryl Crow）

负兆瓦是指你没有使用的能量，比如你关掉了某个电器或者你使用了一个更节能的、耗电的东西。负兆瓦是真实存在的概念。如果有足够多的家庭、办公室和工厂关闭或调低乃至更换照明、供暖和制冷设备，那么其宏观效应就是电网的用电需求显著减少，因此减少了对燃煤或天然气的需求。如果我们有足够多的人关灯，那么电网就会注意到并做出反应。一个引人注目的例子就是在 2020 年的新冠肺炎疫情期间，许多国家进入了封锁状态，企业停工产生了前所未有的负兆瓦，影响了各地的电网。2020 年 6 月 28 日，英国整体电力需求降至 21 世纪最低水平，低于 170 吉瓦。正常的整体电力需求通常是这个数字的 2 倍。

因为气候变化是长期性的，而新冠病毒是短期性的，一切与新冠病毒有关的事情实际上都发生在非常短的时间内，包括我们所吸取的教训。

——克里斯蒂安娜·菲格雷斯（Christiana Figueres）

电力用户正在成为微型供应商。物联网使更多的电器、车辆、建筑和工厂以需求响应的方式接入电网。它们的开启和关闭会有助于管理电网上的负载。随着电网中可变可再生电力所占比例的增加，负兆瓦将是辅助管理电网系统的关键工具。

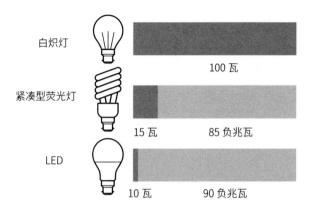

图 9-2　负兆瓦的概念

能源效率

　　效率是产出与投入的比率，即产出除以投入。根据热力学第二定律，输出往往小于输入。从地下开采化石燃料到提供所谓的终端使用服务通常会有一个很长的事件链：能源用户实际需要的热舒适性[1]（thermal comfort）、光照或动力。让我们以汽车使用的汽油为例，从油井到车轮，链条的每一步都有传输和转换损耗：

---

1. 人从生理和心理上对室内外热环境感觉舒适程度的特性。

1.地下的一次燃料（喷涌的油气井）；

2.二次燃料（精炼汽油）；

3.用户交付（将汽油充进在汽车油箱里）；

4.终端使用服务（用户的行驶里程）；

5.经济福祉（旅途的经济和社会效益）。

衡量和报告效率的方法有很多。例如，汽车燃料箱中 3/4 的能量以热量的形式从发动机中流失。在一辆典型的大型内燃机汽车的油箱中，只有不到 0.5% 的能量用于驱动车辆。造成汽车出现这一现象的主要问题有两个：一是 19 世纪用火来制造推进力的概念，二是汽车的重量与乘客重量相比太大。汽车不需要像现在这样，我们使用的无数其他能源技术也是如此。从技术上讲，通过转向可再生能源，到 2050 年全球能源消耗可能会减少一半，也可以通过行为的改变以及家电、建筑和交通系统的设计减少能源消耗。而这些都不会牺牲我们习惯的舒适度。

当我们想象一个可持续发展的社会时，它必然是以电力驱动的。因此，我们不能把使用能源视为理所当然，尤其是我们必须停止浪费电力。这些改变都不会自然而然地发生——它需要一些政治决心，而这一点的关键是想象力。

第10章

想象力是可再生能源

要是这一切都是一场骗局，我们就白白创造了一个更好的世界吗？

—— 娜奥米·克莱恩（Naomi Klein）

可再生能源最强大的来源是我们人类的集体想象力。21 世纪我们的全球可持续能源经济将由良好的设计、复杂的系统管理以及大量的现代技术和行为驱动。

让我们回顾一下以前的内容。并非所有形式的能量都同样有用。电能和机械能是高级形式的能量，比低级形式的能量（如热能）更有潜力。在全球范围内，我们可以采集的可再生能源的数量比我们目前完全浪费的能源消耗率高出许多倍。这样也好，因为我们尽情享用化石燃料的时代已经结束了。碳时钟在嘀嗒作响。如果我们愿意，我们可以只靠阳光生活，有足够的阳光可以利用。太阳能光伏和集中式太阳能发电厂产业的规模将是今天的20 倍。风力发电可以满足全球约 1/3 的电力供应——到 2050 年，这个产业的规模将至少是目前的 10 倍。

我们今天生产的大部分可再生能源来自现代生物质能和水电能。它们已经被证实是可靠的。作为古老技术的改良版，它们将在未来。续为我们的能源需求提供大量电力。在地底和海洋的深处，有着几乎难以估量的热量可以利用并转化为电能。从极端环境中利用能源是完全可能的，这并不是什么新鲜事。只要有煤矿工人或海洋油气钻机就行。

在今后 20 年里，电力使用将增加近 50%。为了把全球平均气温增幅较工业化前水平控制在 2℃以内，可再生能源发电量预计将从 26% 增加到 68%，主要由风能和太阳能驱动，水电和其他可再生能源技术的增幅虽小，但仍然引人注目。

图 10-1　可再生能源发电

全球想象力

可再生能源的主流化之路并非一帆风顺。反对可再生能源的邻避主义者已经在抱怨用丑陋、昂贵、不可靠并且低效的风力涡轮机和太阳能发电场占据陆地和海景。更有见识的怀疑论者倾向于做一些生命周期分析，揭示可再生能源的能源投资回报率非常低，试图播下怀疑我们依赖可再生能源发电的能力的种子。

可再生能源的一个特点是其成本和收益是一致的：它们差不多为相同的人群所用；而化石燃料的成本和收益则落在不同的人群身上。所以，可再生能源是更简单、更公平的能源。

——彼得·哈珀

英国威尔士替代技术研发中心

无论是古代还是现代，所有能源采集的形式都与经济、环境和能源成本相关。并非所有形式的可再生能源都能应对或适用所有的地方和应用环境。特定的技术有其优点和缺点，这取决于应用环境。对许多国家来说，可持续能源的未来都将经过仔细挑选适合本国国情的技术进行组合。然而，所有国家和我们对能源未来的愿景都有一个共同点：我们不可能都像如今普通的美国人、英国人或中东人那样生活。

在过去几年中，一些符合 2015 年《巴黎协定》目标（与工业化前时代相比，全球升温低于 2℃）的可信且详细的量化情景已经公布了。它们已被许多组织效仿，包括英国石油公司、联合国政府间气候变化专门委员会、国际能源署、国际可再生能源机构、埃克森美孚公司、绿色和平组织、壳牌公司、挪威国家石油公司、美国能源信息署和世界能源理事会。虽然所有这些情景都不可能描绘出一幅完全相同的可持续能源未来图景，但它们确实有一些共同的特点，让我们对未来几十年可能看到的各种变化有一个合理的认识：

- 所有的情景都包括从化石燃料向现代可再生能源（特别是风能和太阳能）的快速转变，以产生电力和热量。

- 在许多情景下，化石燃料的剩余使用要基于商业规模的碳捕集与封存技术（使用化石燃料，但要清理它的烂摊子）。

- 大多数情景都假设能源需求增长与国内生产总值增长显著脱钩。换句话说，他们认为低能量未来的能源效率会增加 1

倍甚至 2 倍。

· 许多情景显示，围绕粮食、燃料农业以及林业的大规模土地使用变化将封存大量的碳。

总体而言，它们都描绘了 2050~2075 年全球化石燃料排放将下降到净零的情景。在过去的半个世纪里，有许多设想都认为二氧化碳减排技术（负排放技术）会成效显著。随着人们对碳捕集与碳封存的信心增强，老牌的化石燃料公司自然会看到煤炭、石油和天然气市场的缓慢下滑。有些设想则强调了核能、氢能经济、脱碳以及所有能源技术的增长。

2018 年，联合国政府间气候变化专门委员会发表了一份综合的科学综述，探讨我们如何将全球升温限制在更严格的范围内（1.5℃之内）。这份综述考察了我们未来能源系统的社会经济不确定因素，也考虑到了关于地球气候系统如何应对的科学不确定因素。综述的结论是可持续能源未来具有以下特征：

· 向电气化的大规模整体转变。电力占最终能源消费的比例将从 2020 年的 20% 上升到 2050 年的 34%~71%。

· 从化石燃料到可再生能源发电的巨大转变。可再生能源所提供电力的比例从 26% 增加到 59%~97%。

- 农业和林业用地发生重大变化。用于牧场的土地减少，用于能源作物的农业土地增加。

总体而言，将全球升温限制在 1.5℃ 范围内的各种设想化解了双重打击。它们降低了全球变暖的风险，而且有助于减轻贫困，还通过改善空气质量改善公共卫生，防止数百万人过早死亡。

全球升温保持在 2℃ 以下并不容易，显然不能"一切照旧"。然而，通过广泛收集的可持续能源设想方案显示，有几个可信的途径可以满足我们未来的能源需求和应对气候变化的目标，并实现人人公平地获得安全能源。利用可再生能源和提高能源效率是焦点，它们都是成熟的技术，可以大规模部署。我们可能还需要新的、尚未得到验证的技术，如碳捕集与封存（CCS）、生物质能碳捕集与封存（BECCS）或二氧化碳清除（CDR）来帮助我们实现这一目标。

目前我们最大的问题是缺乏协调一致的国际政治想象力和动力，因此无法迅速实现可再生能源的未来。值得庆幸的是，一些国家、城市和组织已经率先采取行动。

政治想象力

有一些明确和积极的迹象表明，国际谈判代表、各国政治家、市长和领导人愿意签署转向提高能效和可再生能源的方案和政策。大约 55 个国家已经承诺在 2050 年之前实现某种形式的 100 ％ 可再生能源目标（有些国家最早在 2030 年）。此外，约有 280 个城市、州或地区承诺实现某种形式的 100 ％ 可再生能源的目标。目标的确切性质往往没有表述——它可能只包括电力、最终能源消费或一次能源消费。冰岛和挪威已经接近实现 100 ％ 的可再生电力供应，还有几个国家也致力于实现这一目标。包括巴西、新西兰、丹麦、厄瓜多尔、委内瑞拉、奥地利和哥伦比亚在内的许多国家的可再生能源发电量已经超过 70 ％。

在欧盟内部，一些国家已要求欧洲联盟委员会探讨将 100 ％ 可再生能源的设想方案纳入其长期规划范围。欧盟的目标是到 2030 年可再生能源发电量达到 32 ％，西班牙的目标是到 2030 年达到 42 ％，丹麦的目标是到 2050 年可再生能源发电量为 100 ％，覆盖全部的能源供应，这一目标居世界首位。关于可再生能源的国家法规大多集中在电力部门。140 多个国家制定了针对可再生电力的政策，其中约一半国家有涉及运输燃料的政策，只有不到30个国家的政策涉及供暖和制冷。一些政府已经建立支持可再生氢的方案，并有迅速增长的势头。RE100是一项全球倡议，将致力于100％使用可再生电力的企业聚集在一起。目前有140个国家的260多个成员，每年总电力需求为281太瓦时——规模相当于韩国全国的用电量。

虽然有一些积极的迹象，但总的来说，全球气温仍将上升3℃~4℃。所以，我们还需要更多的政治想象力。

工程想象力

目前，我们在建筑、交通系统和工业的能源效率方面支出很少。当然，你可能会问，如果有经济上合理的方法来节省能源、金钱和碳，它们会自然地得到落实吗？遗憾的是，它们不会。这是因为我们在用一个相当奇怪的方式在做能源效率投资的财务计算。

大多数工程学院教导的主流思维是以渐进的方式检查建筑或系统的改进，建模一次改进一次。经济学家有时把这种建模方式称为"其他条件均相同"。例如，当我们对一座建筑物的能效改进进行财务建模时，最终我们会列出一份十大最具成本效益的措施清单，从花费最少、节省最多的措施开始实施。换句话说，我们实施那些能带来最大收益的措施，然后再实施下一个，以此推进。当我们按照清单推进的时候，最终会到达一个节能成本不可接受的停止节点。这就是能源效率作为有限资源以及收益递减的过程。

有一种设计新事物或改造旧事物的方法，称为一体化设计，它使我们能够获得更大的能源节约，而这在收益递减的试算表中通常是不盈利的。据它的发明者——落基山研究所的埃默里·洛文斯（他还发明了"负兆瓦"这个词）说，一体化设计是一种选择、组合、排序的艺术和用时更少且更简单的技术，相对于采用非一体化设计，它以更低的成本节省更多的能源。

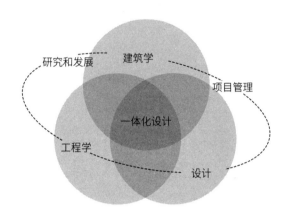

图 10-2　一体化设计概念图

　　未使用的能源很大一部分的问题就像"负兆瓦"一样，通常是不可见的。对于建筑能效，无论是新建建筑还是改造建筑，考虑"整栋建筑"的方法越来越普遍。按正确的顺序做正确的事情，这是非常明智的。在许多气候条件下，这通常意味着首先要解决建筑物的隔热问题，然后再考虑供暖、通风和空调（暖通空调）。例如，通过消除供暖系统，从而减少终身供暖的成本。被动式房屋的成本与传统设计的房屋大致相同，通过缩减或消除暖通空调设备及其终身运行和维护的成本来节约资本成本，从而实现大幅度效率收益所需的额外投资。

　　未来是一个能源丰富的社会，我们把资本投入到巧妙利用现代可再生能源的方法上。我们需要更有想象力地思考如何停止购买燃料和电力，转向更好、更智能、更清洁的可再生能源系统、建筑、交通系统和城市，从而提高能源效率。一体化设计的原则也可以应用到经济和金融领域。当我们对未来能源系统中另类投资的真正成本进行建模时，投资可再生能源期货的额外成本可能会从根本上消失。

　　开始重新规划，我们不再想着如何不变差，而是开始思考如何变好。

——威廉·麦克多诺（William McDonough）

迈克尔·布朗加特（Michale Braungart）

《摇篮到摇篮：重塑我们的制造方式》

(*Cradle: Remaking the Way We Make Things*)

经济想象力

　　2019 年，全球国内生产总值约为 86 万亿美元。世界年度化石燃料账单约占国内生产总值的10%，约10万亿美元，仅次于全球医疗支出。我们花费在医疗保健上的很大一部分钱，反过来又花在燃烧化石燃料对健康的影响上，这是一个恶性循环。想象一下，全球能源系统减少对燃料的依赖，更多地依靠先进、智能的能源效率和更清洁的可再生能源供应，从而带来了更清洁的空气，这是一个良性循环。

根据国际可再生能源机构的2050年能源转型报告，将全球升温限制在2°C以内，需要每年投资3.2万亿美元（约占全球国内生产总值的2%）。这比我们目前的未来计划多出约0.5万亿美元。国际可再生能源机构的分析表明，在未来的30年里，将投资从95万亿美元增加到110万亿美元，并把这些投资转向能源效率和可再生能源上，至少会带来50万亿美元的整体经济增长。此外，它还将减少与气候和空气质量相关的142万亿美元医疗支出，否则这些支出将被金融和医疗体系吸收。该报告还将可再生能源领域的就业岗位增加至4200万个，能源行业的整体就业岗位从目前的总计6千万增加至1亿个。尽管一些经济学家可能会对确切的数据提出异议，但国际可再生能源机构的报告是几个可信金融评估之一，这些评估都表明，通过加快从化石燃料向能源效率和可再生能源的转型，我们将获得同样广泛的投资回报。

　　百人说不如一人思索，千人思索不如一人见过。

——约翰·罗斯金（John Ruskin）

《现代画家（第三卷）》（*Painters Volume III*）

　　我们需要更有想象力的经济学。准确地说，我们需要更多的政治想象力来运用基础经济学去创造新的政治思想经济学。其中一个特别的想法：碳定价的作用是向市场发出正确的信号，以鼓励更好的投资决策。2019 年，全球温室气体排放中只有 20% 要缴纳碳税。虽然澳大利亚、欧盟、日本和韩国的一些碳市场正在发展，但世界大部分地区和我们排放的大多数温室气体的定价都不合适。大多数将全球平均气温升幅控制在 2℃ 以内的设想都认为，在未来几十年里碳价会大幅上升，到 2040 年或 2050 年排放的二氧化碳每吨约 150 美元。没有哪一种税收是受大众欢迎的，但富有想象力的碳定价方法可以既受欢迎又确实有效。

　　另一个领域是资助基础研究的开发和展示，例如，海洋、地热和高级生物质技术。相对少量的资金可对海洋热能转换、增强型地热系统或高级生物燃料等技术产生变革作用。在全球范围内，政府在能源研究研发上的支出目前占国内生产总值的比例不足 0.05%。

> 想象一种没有后顾之忧的燃料。不再有气候变化，不再有石油泄漏、煤矿工人死亡、空气污浊、土地被毁、野生动物消失。不再有能源短缺，不再有石油战争、暴政或恐怖分子。燃料不会耗尽，不会中断，不会让人忧虑。只有充足、无害且便宜的能源，永远为人们所用。
>
> ——落基山研究所
> 《重塑能源》（*Reinventing Fire*）

我们目前的全球能源支出和资本投资模式就像是一家运营惨淡的投资银行。尽管所有的科学和经济证据都指向相反的方向，但我们仍在继续大量投资化石燃料。所有证据都表明，将燃料和资本支出从化石燃料转向能源效率和可再生能源，不仅能收回成本，还能带来更多长期累积储蓄和利润，让所有人都能用上清洁能源，同时增加就业机会、增加收入、改善健康状况。实现 100% 的可再生能源是我们共同的人类使命。不妨大胆想象一下吧！

术语表

Active solar heating

主动式太阳能加热：利用太阳能产生热水的装置。不要与被动式太阳能加热相混淆。

Bioenergy with carbon capture and storage (BECCS)

生物质能碳捕集与封存：植物燃烧产生的二氧化碳被捕集与封存起来，以降低大气中二氧化碳的浓度。

Carbon capture and storage (CCS)

碳捕集与封存：在燃烧前或燃烧后，清除并防止化石或生物质燃料中的碳或二氧化碳进入大气。有时也被称为碳捕集、利用与封存。

Carbon dioxide removal (CDR)

二氧化碳清除：去除大气中已经存在的二氧化碳，而不是燃烧前和燃烧后的碳捕集与封存，也不是直接进行空气捕集。

Concentrated solar power (CSP)

集中式太阳能：通过一组镜子利用阳光产生高温蒸汽，然后驱动蒸汽涡轮机发电。大多数集中式太阳能工厂也可以储存一些热能。

Direct Horizontal Irradiance (DHI)

水平面散射辐照度: 测量大气散射的阳光,也被称为天空漫射辐射。

Direct Normal Irradiance (DNI)

法向直射辐照度：测量太阳直射辐射的垂直分量。

Electrolysis

电解：通过导电对液体或溶液进行化学分解。

Energy return on energy invested (EROEI)

能源投资回报率：（通过系统或技术）采集到的能源除以为采集能源所投入的能源的比率。

Entropy

熵：对系统无序程度的一种度量。

Exergy

㶲：可用于做有用功的能量值。焦耳是标准的国际能量单位。

Final energy

终端能源：除去在生产、精炼和分配过程中损失的能量后，到达消费者电表或汽油泵的能量，有时也被称为输出能源。

First law of thermodynamics

热力学第一定律：在一个确定的界限内（或物理学家所说的"封闭系统"内）的总能量保持不变。其他解释：能量守恒；宇宙中的总能量是固定不变的；能量既不会凭空产生，也不会凭空消失。然而，能量可以转化为有用或更无用的形式。在本质上，与能量守恒定律相同。

Fuel cell

燃料电池：一种在电解逆反应过程中产生电流的装置，即结合两种气体（通常是氢氧和氧气）发电。

Geothermal energy

地热能：来自地球内部的热能。

Global heating

全球变暖：由于人为温室效应的影响，全球平均地表温度较 1850 年（前工业化时期）升高。

Global Horizontal Irradiance (GHI)

水平面总辐照度：地面水平单位面积内接收的总辐照度。水平面总辐照度 = 法向直射辐照度 + 水平面散射辐照度 × 太阳天顶角余弦值。

Global Tilted Irradiance (GTI)

全球倾斜表面辐照度：倾斜表面上的辐照度，可通过水平面总辐照度、法向直射辐照度和水平面散射辐照度计算出来。

Gravitational potential energy

重力势能：因高度差而产生的势能。

Greenhouse gas

温室气体：被红外辐射激发并对大气有升温作用的气体。

Grey, blue and green hydrogen

灰色氢气、蓝色氢气以及绿色氢气：由化石燃料产生的（灰色）氢气，由碳捕集和封存产生的（蓝色）氢气，或由可再生能源电解产生的（绿色）氢气。

Heat energy or thermal energy

热能：在不同温度的系统之间储存和传递的一种能量形式。

Heat pump

热泵：一种将热量从较冷区域"抽"到较热的区域、为该区域提供加热或冷却的装置。在空气源热泵中，热量来自空气，而在地源热泵中，热量则来自土壤。

Kilowatt-hour

千瓦时：能量单位。如果一个设备以 2 千瓦的功率运行 1 小时，那么这一设备在这一小时内流动的能量累计为 2 千瓦时。

Kinetic energy

动能：运动物体的能量。

Microgrids

微电网：拥有分布式发电资产（风力发电场、太阳能发电场、天然气发电站）的用户群（负荷），作为一个独立的实体进行管理，能够与宏观电网断开连接。

Negative emissions technology

负排放技术：生物质能碳捕集与封存是唯一能够去除二氧化碳或负排放的可再生能源。

Paris Agreement on climate change

关于气候变化的《巴黎协议》：2015 年《联合国气候变化框架公约》第 21 次缔约方大会达成协议，将全球平均气温的升高控制在较工业前水平的 2℃之内，并努力把气温上升控制在工业前水平 1.5℃之内。

Passive solar collection

被动式太阳能采集：利用照射到窗户和建筑结构上产生的太阳能

为建筑供暖。

Photosynthesis

光合作用：由植物和其他生物体利用二氧化碳和水将光能合成为化学能的过程。化学能储存在如糖之类的碳水化合物分子中。

Photovoltaic (PV) cell

光伏电池：将光转化成电的光敏半导体集电器。

Photovoltaic effect

光伏效应：当电磁辐射（如光）照射材料时，光电子发射到真空中。光电导性是当电磁辐射照射材料时，电子发射到导体中。

Potential energy

势能：被储存的能量。这取决于物体在力场内（电场的引力）的位置，而不是它的运动。

Power.

功率：能量流动的速率。其国际单位为瓦特：1瓦特为1焦耳/秒。

Primary energy.

一次能源：能源转化或加工前的总"原始"能量。

Pumped storage

抽水蓄能：用作水"电池"的水库。水力发电厂在夜间使用涡轮机将水向上泵入水库，在早晨需求旺盛的时候发电。

Rated output

额定输出功率：在最佳条件下，特定发电装置如光伏板或风力涡轮机的输出功率。

Second law of thermodynamics

热力学第二定律：任何热机的效率都一定小于 100%。换句话说，一个封闭系统的熵往往会随着时间的推移而增加。

Solar flux / solar irradiance / solar radiation / solar insolation

太阳通量 / 太阳辐照度 / 太阳辐射 / 太阳日照：通量或辐照度描述了单位面积内太阳能的功率或流量。例如，瓦特每平方米的瞬时读数。当计算一段时间内的整体流量时，如一年内的日平均流量，每天每平方米 1 千瓦，则称为太阳辐射或太阳日照。

Solar thermal

太阳能热能：将太阳能转化为热能的技术。

Sustainable development

可持续发展：可持续发展理念认为，如果发展满足各种经济、环境和社会可持续性要求，并能平衡后代和当代的需要，那么发展就是可持续的。

Technical potential
技术潜力：在不考虑成本或促进政策的情况下，通过充分利用已有技术所获得的可再生能源的产量。

Thermal energy
热能：室温下气体的平均原子的动能，也就是我们说的热能。

Watt (W)
瓦特：国际单位制的功率单位。1 瓦特是 1 焦耳 / 秒的能量流。

Work
功：一个物体或系统受到力的作用发生了一段位移的过程中所转化的能量。功的计算公式 = 力（牛顿）× 距离（米）。功是一种有序的、更高级的能量形式。测量功的标准科学单位是焦耳。功率是做功的速率。

Worldwatt
世界瓦：本书为方便起见使用的单位，以帮助校准不同可再生能源的不同技术和市场潜力与世界经济的全球一次能源消费总量的规模。2019 年，1 世界瓦为每年 599 艾焦耳或 19 太瓦。

拓展阅读

对于所有主要形式的可再生能源的历史、社会、技术和经济方面的详细述评：

Renewable Energy, by Stephen Peake (ed.), Oxford University Press (2017).

对于可持续能源系统的详细述评：

Power for a Sustainable Future, by Robert Everett, James Warren and Stephen Peake (eds), Oxford University Press (2021).

用清晰的物理和数字对可持续能源系统的意义的精彩分析：

Sustainable Energy Without the Hot Air, by David J. C. Mackay, UIT Cambridge (2009).

对于能源概念出现的历史的精彩描述：

Energy, the Subtle Concept, by Jennifer Coopersmith, Oxford University Press (2010).

对于整个文明的能量转换的最佳说明：

Energy and Civilization: A History, by Vaclav Smil, MIT Press (2017).

对于能源效率和更好地规划如何实现低能量未来的经典早期解释：

Soft Energy Paths: Towards a Durable Peace, by Amory B, Penguin (1977).

有关经济在促进向低碳能源体系转型中的作用的详细研究：

Planetary Economics: Energy, Climate Change and Three Domains of Sustainable Development, by Michael Grubb, Jean-Charles Hourcade and Karsten Neuhff (eds), Routledge (2013).

对于可再生能源将如何应对全球化石净零排放的批判性观察：

Renewable Energy: Can it Deliver?, by Dave Elliott, Policy Press (2020).

关于 100% 可再生能源系统的令人振奋的看法：

100% Clean, Renewable Energy and Storage for Everything, by Mark Z. Jacobson, Cambridge University Press (2021).

关于美国如何在 2050 年为一个不需石油、煤炭、核能，减少 1/3 天然气及无新发明的经济体提供动力的深刻见解：

Reinventing Fire: Bold Business Solutions for the New Energy Era, by Amory B. Lovins and the Rocky Mountain Institute (2011).

关于能源效率和可再生能源技术如何最终减少温室气体的全面定量综述：

Drawdown: The Most Comprehensive Plan Ever Proposed to Reverse Global Warming, by Paul Hawken (ed.), Penguin Books (2017).

图书在版编目（CIP）数据

零碳：重塑世界的可再生能源 / (英) 斯蒂芬·皮克著；杨书航等译. — 北京：北京联合出版公司，2022.9

ISBN 978-7-5596-6143-2

Ⅰ. ①零… Ⅱ. ①斯… ②杨… Ⅲ. ①再生能源—普及读物 Ⅳ. ①TK01-49

中国版本图书馆CIP数据核字(2022)第059600号

北京市版权局著作权合同登记 图字：01-2022-1872
Copyright © Michael O'Mara Books 2021
through Big Apple Agency, Inc., Labuan, Malaysia.
Simplified Chinese edition copyright:
2022 Beijing Guangchen Culture Communication Co., Ltd
All rights reserved.

零碳：重塑世界的可再生能源

Pocket Einstein: 10 Short Lessons in Renewable Energy

作　　者：[英]斯蒂芬·皮克
译　　者：杨书航　夏之婷　张　柳　蔡慧冰
责任编辑：夏应鹏
出 品 人：赵红仕
封面设计：安　宁
内文制作：泡泡猪

北京联合出版公司出版
（北京市西城区德外大街83号楼9层　100088）
北京联合天畅文化传播公司发行
文畅阁印刷有限公司印刷　新华书店经销
字数100千字　787毫米×1230毫米　1 / 32　6.25印张
2022年9月第1版　2022年9月第1次印刷
ISBN 978-7-5596-6143-2
定价：49.00元